Tanmi weishengwu shijie
——Wuxing zhong de cunzai yu yingxiang

探秘微生物世界
——无形中的存在与影响

文旭先 主编

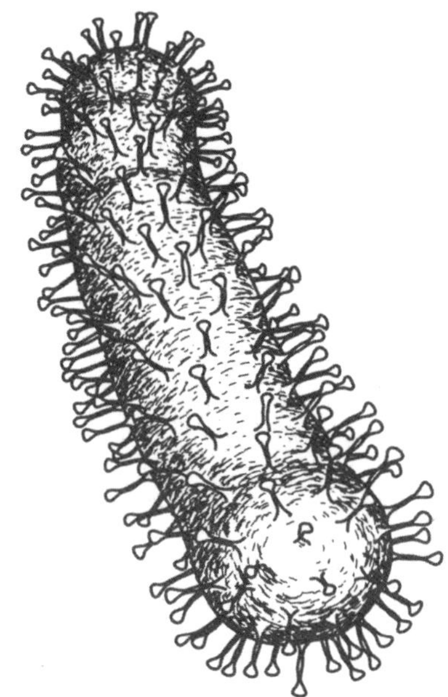

图书在版编目（CIP）数据

探秘微生物世界：无形中的存在与影响 / 文旭先主编．-- 成都：成都地图出版社有限公司，2024.6

ISBN 978-7-5557-2499-5

Ⅰ．①探… Ⅱ．①文… Ⅲ．①微生物—普及读物 Ⅳ．① Q939-49

中国国家版本馆 CIP 数据核字（2024）第 098365 号

探秘微生物世界——无形中的存在与影响

TANMI WEISHENGWU SHIJIE—WUXING ZHONG DE CUNZAI YU YINGXIANG

主　　编：文旭先
责任编辑：陈　红
封面设计：李　超

出版发行：成都地图出版社有限公司
地　　址：四川省成都市龙泉驿区建设路 2 号
邮政编码：610100

印　　刷：三河市人民印务有限公司
（如发现印装质量问题，影响阅读，请与印刷厂商联系调换）

开　　本：710mm × 1000mm　1/16
印　　张：10　　　**字　　数**：140 千字
版　　次：2024 年 6 月第 1 版
印　　次：2024 年 6 月第 1 次印刷
书　　号：ISBN 978-7-5557-2499-5

定　　价：49.80 元

前言 Foreword

显微镜的发明不但揭示了细胞的秘密，还给我们打开了一个新的世界。这个新的世界，就是我们肉眼看不见的微生物世界。一把泥土里面居住的微生物总数居然超过了地球上人口数量的总和，多么神奇呀！微生物对人类的影响实在太大了，美味的食物离不开微生物，治疗疾病的抗生素离不开微生物，就连处理污水也离不开微生物。当然，也有一些微生物给人类带来了疾病，甚至是灾难。显微镜是人类解读微生物的有效工具，从光学显微镜到电子显微镜，人类逐渐认识了神秘的微生物世界。

本书中介绍了什么是微生物，微生物的特点和种类；用我们身边的实例讲解了微生物对人类生活的影响；阐述了现代代谢工程技术如何使人类可以自如地利用微生物。

本书适合作为青少年了解微生物知识和微生物工程的科普图书来阅读，阅读本书可以满足广大青少年对肉眼看不见的微生物世界的好奇心，激发他们探索微观世界的热情；也可作为家长和教师给青少年讲解微生物知识的参考书；还适合对微生物世界感兴趣的读者阅读。

Contents 目录

微生物的猎人们

发现微生物的工具

微生物的家谱

无处不在的微生物

WUCHUBUZAI DE WEISHENGWU

禽流感、SARS 病毒曾肆虐世界各地，造成全球性的大恐慌。这些到底是什么东西呢？在我们的生活环境中，空气、水、食物等，都充满着几亿、几兆个微生物，它们是无法用肉眼看见，却又无所不在的。它们包括病毒、细菌、藻类、真菌等，必须通过显微镜才能现形。

什么是微生物

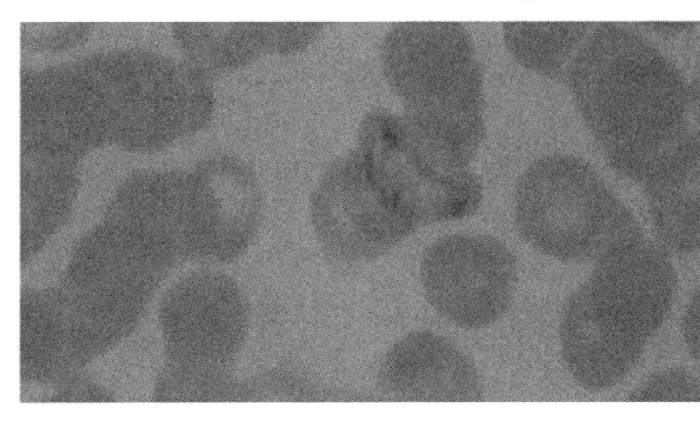

原　虫

微生物像动物、植物一样是有生命的。一般微生物的形体微小，计算它时得用纳米表示（1 纳米等于 1/1 000 微米）。大多数微生物都只由 1 个细胞组成，也有一些由 2 个或多个细胞组成，但是个体结构也非常简单。更有甚者，根本没有细胞结构，自由自在地生活在世界上。微生物可算一个复杂的大家族，目前已知大约有20万种，包括原虫、真菌、细菌、放线菌、病毒等等，其中成员最多的要算大名鼎鼎的细菌了。通常我们用肉眼是观察不到微生物的，要通过显微镜的帮助才能清楚地看到它们。在显微镜下放一滴水，微生物在这滴水中就像鱼儿在汪洋大海中一般。1克泥土中就包含数亿个微生物，一滴牛乳中也含有上亿个微生物。可见，微生物的数目要比地球上的人和动植物的总和还要多。它们广泛分布于土壤、空气、水域、动植物体内以及人体内外。微生物在我们的生产、生活中起着不

拓展阅读

·细胞结构·

与其他系统一样，细胞同样有边界，有分工合作的若干组分，有信息中心对细胞的代谢和遗传进行调控。细胞的结构复杂而精巧，各种结构组分配合协调，使生命活动能够在变化的环境中自我调控，高度有序地进行。

知识小链接

细　胞

细胞（Cell）并没有统一的定义，近年来比较普遍的提法：细胞是生命活动的基本单位。除病毒之外的所有生物均由细胞组成，但病毒生命活动也必须在细胞中才能体现。一般来说，细菌等绝大部分微生物以及原生动物由一个细胞组成，即单细胞生物。高等植物与高等动物则是多细胞生物。细胞可分为两类：原核细胞和真核细胞。但也有人提出应分为三类，即把原属于原核细胞的古核细胞独立出来作为与之并列的一类。研究细胞的学科称为细胞生物学。世界上现存最大的细胞为鸵鸟的卵子。

可估量的作用，有好的，有坏的。这小小的生命却能给我们的世界带来巨大的变化，真令人叹为观止。

微生物的起源

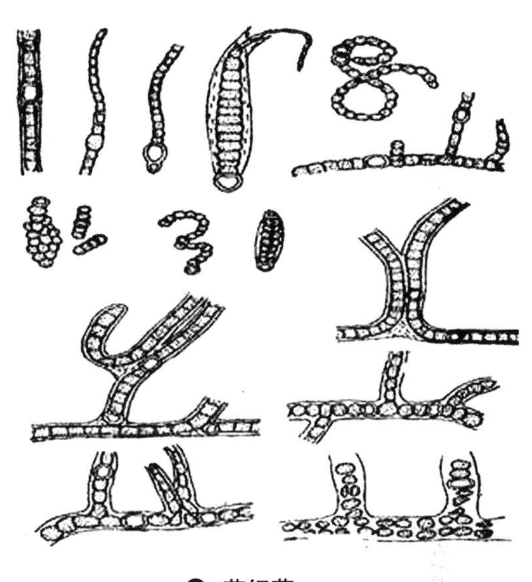

蓝细菌

大约在46亿年前，地球诞生了，那时地球上只有光秃秃的山和不可呼吸的各种气体，氧气还没有形成。随着天外来客“陨石”的一次次撞击给地球带来了生命的元素，这些元素逐渐因雨水的冲刷而汇集到地球的凹陷处，为生命的形成做着准备。约35亿年前，地球开始从化学进化转入到生化进化阶段，最早的生命诞生了。科学家们认为，最早出现的生命形态是厌氧性异养细菌，例如甲烷菌这类古细菌。它们只能利用现成的有机物来维持自己的生命活动，因此它们是一些分解者。大约在32亿年前，地球上出现了蓝细菌（又名蓝藻），这时的蓝细菌已能利用光能进行光合作用，放出氧气，为以后出现的各种好氧性生物打下生存的基础。此后，各种生命类型沿着进化途径陆续出现了，直到300万年前人类也诞生了。由此可见，在整个生物界，进化历史最悠久、种族年龄最古老的恰恰是被我们所忽视的微生物。它为其他生物的进化创造了有利的环境，在生态系统中起着不可替代的作用，人类应加强对它的研究，更好地让它服务于全人类。

基本小知识

蓝　藻

蓝藻（Cyanobacteria）是原核生物，又叫蓝绿藻、蓝细菌。大多数蓝藻的细胞壁外面有胶质衣，因此又叫黏藻。在所有藻类生物中，蓝藻是最简单、最原始的单细胞生物，它没有细胞核，但细胞中央含有核物质，通常呈颗粒状或网状，染色质和色素均匀地分布在细胞质中。蓝藻也不全是蓝色的，不同的蓝藻含有不同的色素，有的含有叶绿素，有的含有蓝藻叶黄素，有的含有胡萝卜素，有的含有蓝藻藻蓝素，也有的含有蓝藻藻红素。红海就是由于水中有大量含有藻红素的蓝藻，海水才呈现出红色。

世界上最古老的化学家

亲爱的读者，你可曾听说过谁是世界上最原始、最古老的化学家？他既不是欧洲人，也不是非洲人；既不在人类文明史发达的中国，也不在文化历史悠久的希腊，而是至今仍然健在、人的肉眼看不见的微小生物。这就是我们平常所说的微生物。在生物世界里，微生物是一个足有几十亿年历史的“小人国”，其“国民”个个身体矮小，最甚者只有一根头发粗细的几十分之一。在自然界的物质转化过程中，微生物的作用是任何生物都无法比拟的，我们之所以称它们为“最古老的化学家”，是因为在常温常压下，它们无需任何特殊装置和强大的能量，就可以在体内进行成千上万种的化学反应。

而且，一些用现代化学方法不能合成的物质，微生物却可以多快好省地制造出来。由于微生物具有如此高超的技术，自古以来，人们就利用它来制造酱油、酒、醋、面包等食品。如今人们还在利用这些“最古老的化学家”去完成各种合成过程，生产像氨基酸、维生素、抗菌素、抗癌药物以及与人类生命有重大关系的物质等。可以说，如果没有微生物，人类世界就无法存在下去。

拓展阅读

·氨基酸·

氨基酸（Amino Acid）是含有氨基和羧基的一类有机化合物的通称，是生物功能大分子蛋白质的基本组成单位，也是构成动物营养所需蛋白质的基本物质，还是含有一个碱性氨基和一个酸性羧基的有机化合物。氨基连在α－碳上的为α－氨基酸。天然氨基酸均为α－氨基酸。

微生物的发现——著名的曲颈瓶实验

著名的微生物学家巴斯德

食物放久了为什么会变坏？腐败肉类上的蛆虫是哪里来的？以前，人们以为蛆虫是肉里自发生长的，而且其他一切食物、用品的腐化都是自己发生的，这就是最早的“自然发生说”，它解释了微生物是怎样产生的奥秘。但著名微生物学家巴斯德却不这样认为，在传统习惯的巨大压力下，他设计了著名的曲颈瓶实验，证明了微生物不是自发产生的。首先，他设计了一种特殊的瓶子，瓶口特别细且弯曲，把煮沸后的食物汁液倒入瓶中，放置一段时间后发现瓶中的汁液并没有受到污染，也没有微生物生长。但如果瓶颈破裂，汁液就很快地长满微生物；如果将汁液倾出一些直到瓶颈的弯曲部，然后再倒回去，也将得到同样的结果——微生物四处蔓延。这是因为空气中微生物到达瓶颈的弯曲部以后，不能再上升进入瓶中，所以瓶内汁液不会生长微生物。而如果瓶颈破裂或汁液沾满瓶颈，微生物则轻而易举进入瓶中，并就此安家落户。巴斯德此举有效地反驳了“自然发生说”，并证明了微生物是如何进入有机汁液的，同时也证明了微生物在腐败食品中不是自发产生的，为微生物学的研究奠定了坚实的基础。

广角镜

·巴斯德·

路易斯·巴斯德（1822—1895），法国微生物学家和化学家。他研究了微生物的类型、习性、营养、繁殖、作用等，奠定了工业微生物学和医学微生物学的基础，并开创了微生物生理学。循此前进，在战胜狂犬病、鸡霍乱、炭疽病、蚕病等方面都取得了成果。英国医生李斯特并据此解决了创口感染问题。从此，整个医学迈进了细菌学时代，得到了空前的发展。美国学者麦克·哈特所著的《影响人类历史进程的100名人排行榜》中，巴斯德名列第11位，可见他在人类历史上具有巨大的影响力。他发明的巴氏消毒法直至现在仍被应用。

土壤中的微生物

在自然界中，土壤所含的微生物是相当多的，这是因为土壤中富含多种有机质、无机物和空气，具备一般微生物生长繁殖所必需的营养，而且温度、酸碱度等条件也比较适宜。因此，土壤是多种微生物繁殖的聚集地。土壤中的细菌并不都是一样的，不同地点、不同类型的土壤，微生物的种类、数量及分布区别很大。在耕作和施肥的土壤中，微生物数量较多，而荒地沙漠中则含量较少，但每克土壤中仍有 10 万以上的微生物。表层土壤中含微生物较少，离地面 10 ~20 厘米中的土壤中微生物数量最多，在 4 ~ 5 米深处的土壤中几乎见不到微生物的痕迹。土壤中的微生物大多对人类是有益的，并且它们在氮、磷、铁、硫等元素的自然循环中具有重要的作用。但也有一些微生物对人类是有害的，如破伤风杆菌、气性坏疽病原菌、肉毒杆菌、炭疽杆菌等，可在土壤中存活多年。所以，对土壤中的微生物要多加小心，平时注意卫生，保持清洁，是防止疾病的有效手段。

知识小链接

有机质

有机质是含有生命机能的有机物质。

水中的微生物

水是生命的源泉，只要有水的地方，就有生命的存在。水是微生物天然生存的环境，由于水源、水质的不同，如海水、江河水，包括静水（如湖泊、池塘水）和流水（江河等），所含微生物的种类和数量相差很大。我们可根据水中微生物的不同来源，将它们分为3类。

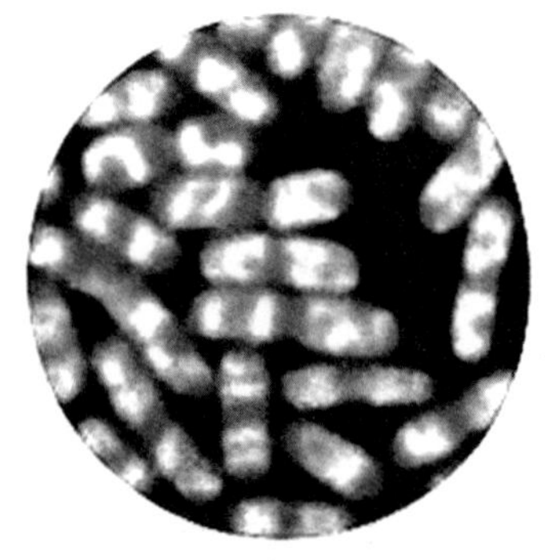

伤寒杆菌

1. 原生微生物群

它们是天然的生活在水中的一群微生物，在水中和水底沉积物中具有较稳定的组成，在不同的水中均可见到它们的身影，它们是水中的“常住人口”。

你知道吗

·伤寒杆菌·

伤寒杆菌属沙门氏菌属，革兰染色阴性，呈短粗杆状，体周满布鞭毛，运动活泼，在含有胆汁的培养基中生长较好，因胆汁中的类脂及色氨酸可作为伤寒杆菌的营养成分。伤寒杆菌的菌体（O）抗原、鞭毛（H）抗原和表面（Vi）抗原能使人体产生相应的抗体。由于O及H抗原的抗原性较强，故可用于血清凝集试验（肥达反应，Widal reaction），以测定血清中的O及H抗体的效价来辅助临床诊断。菌体裂解时可释放强烈的内毒素，是伤寒杆菌致病的主要因素。利用沙门菌的invA基因和鞭毛素基因用PCR方法扩增进行分子杂交，可以检出3～300个活菌细胞，达到敏感和特异的效果。

2. 来自土壤中的微生物

土壤中的微生物附着在土壤微粒上，由于各种外力作用，如风吹、雨淋，将其带入水中，它们在水中也有一席之地。

3. 来源于污水的微生物

你知道吗

·志贺杆菌·

志贺杆菌是革兰氏阴性杆菌，通称痢疾杆菌，具有高度传染性，对人类和动物健康造成严重的影响。兼性厌氧，具有呼吸和发酵两种类型的代谢。人感染后，主要展现为腹泻，严重者甚至出现神经症状。

由于工业污水和居民的生活用水不经处理就被直接排放到江河中，使水质受到极大的污染，在受到污染的水中可能含有伤寒杆菌、志贺氏杆菌、霍乱弧菌等致病菌。人喝了这类水后，就会患上相应的疾病，严重的还会危及到生命。因此，一定要讲究卫生，千万不要乱饮生水。

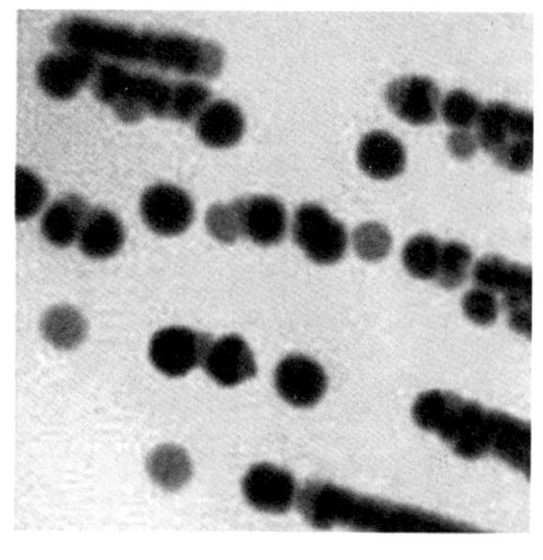

志贺杆菌

空气中的微生物

由于空气中缺乏微生物赖以生存的水分及可以被微生物利用的营养，并且受到自然光、无线电波、各种射线、声波等因素的影响，即使某些微生物进入空气后，也可能失去活力或被杀死。因此，在空气中微生物的数量是不固定的，如果经严格处理，空气可能会接近无菌状态（即没有任何微生物）。但是，由于人类的活动，大气对流，以及其他种种原因，在空气中总是或多或少存在着一些微生物，但总体说来是城市多于郊区，陆上多于海上，海拔低处多于海拔高处。空气常是呼吸道疾病传染的传播媒介，通过飞沫和含菌尘埃引起呼吸道疾病传染。实验证明，在通常咳嗽情况下，由口、鼻、咽、上呼吸道喷出的微生物可散播 2～3 米远，剧烈咳嗽时能喷 9 米远，喷出的液滴可在空气中漂浮 4～6 小时甚至 2～3 日，所以呼吸道疾病患者深呼吸、高声谈笑、咳嗽、打喷嚏时都可能散布细菌和病毒，传播疾病。综上所述，对空气中的微生物也不能忽视。

基本小知识

小儿呼吸道疾病

小儿呼吸道疾病包括上、下呼吸道急、慢性炎症，呼吸道变态反应性疾病，胸膜疾病，呼吸道异物，先天畸形及肺部肿瘤等。其中，急性呼吸道感染最为常见，约占儿科门诊的60%以上，北方地区的比例则更高。由于婴幼儿免疫功能尚不完全成熟，在住院患儿中，肺炎最为多见，因此卫生部把它列为小儿四病（肺炎、腹泻、佝偻病、贫血）防治方案中的首位。

人体上的微生物

看到这个标题你可能会想，人体上哪有微生物，如果有微生物，我为什么没生病呢？人体上确实存在着微生物。科学家经研究发现，在人的皮肤和黏膜上经常存在着各种微生物。例如：在人的皮肤上，常可见到表皮葡萄球菌、类白喉杆菌、革兰阴性杆菌、需氧芽孢杆菌；在口腔中可见到肺炎球菌、葡萄杆菌等；即使在人最敏感的眼结膜上仍发现了表皮葡萄球菌、结膜干燥棒状杆菌。这些微生物，与人和外界环境在人体正常条件下处于一种相对平衡的状态。所以，虽然人体上有无数的微生物，却也不会生病，但是当人体受寒、过度疲劳、患消耗性疾病等原因而抵抗力减弱时，某些菌群便会大量地繁殖，同时，保护性菌群相对减少，导致平衡失调，结果人就生病了。上面所说的，是由于人体本身原因而使微生物有可乘之机，使人生病。另外还有一些被称为致病性细菌的微生物，它们平时并不在人体上，但只要一有机会，它们就会附着在人体上，侵入人体内，兴风作浪，直接导致平衡的失调，使人患病。

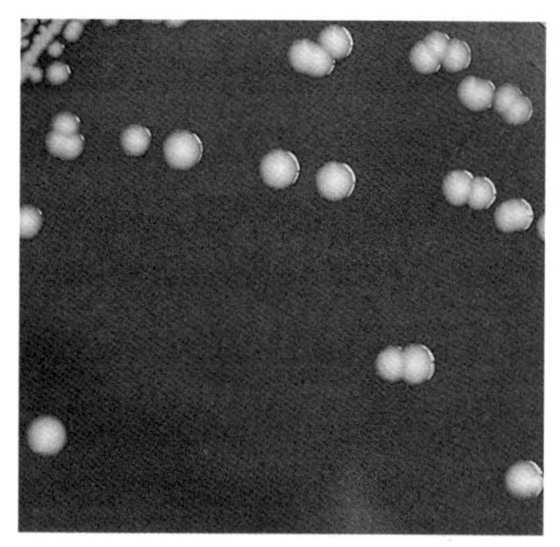

表皮葡萄球菌

千姿百态的微生物

大千世界，无奇不有。微生物的长相也是千姿百态的。球菌是圆圆的；杆菌是长长的；弧菌是弯弯的；螺旋菌弯曲得更厉害，像蛇一样；双球菌是成双成对的球菌；链球菌是连成长串的；四联球菌是四个一组的球菌；八叠球菌是八个球菌叠在一起；葡萄球

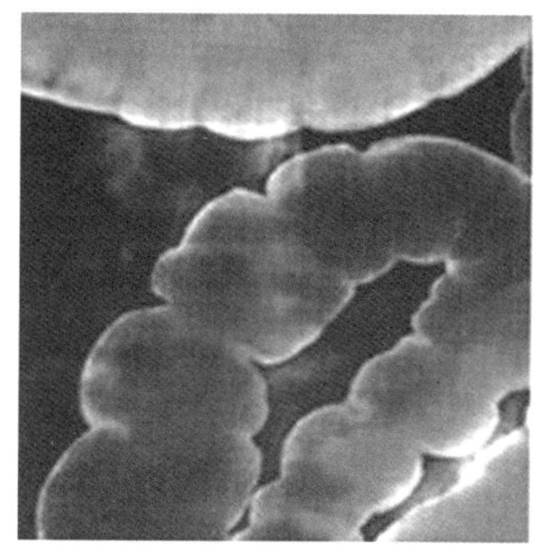

螺旋菌

菌是成堆的；放线菌是呈放射形丝线状的。千姿百态的微生物世界中不光有这些微型的生命体，还有大型的生命体，如食用菌中的蘑菇、银耳、木耳、猴头等。最大的食用菌可以把一个小孩子完全藏住。各种各样的微生物不仅在外型上有如此之大的差别，在实际生产、生活中的影响更是千差万别，如伤寒杆菌可以引起伤寒病，痢疾杆菌可引起痢疾病，霍乱弧菌可引起霍乱等，危害人与牲畜的健康。不过，也不是所有的微生物都是这样可怕，如适量的乳酸菌在人的肠道中可以有助胃肠的消化；部分放线菌可制成抗生素以抵抗病毒的侵染；微生物还可以用来酿酒，做面包，腌泡酸菜等。微生物不光是人类的敌人，也有些是人类的朋友，用科学的方法对待微生物的不同成员，会使人们的生活更美好。

广角镜

·螺旋菌·

螺旋菌，又称幽门螺杆菌或幽门螺旋菌。幽门螺旋菌，简称 HP（Helicobacter pylori），此种菌类是由瑞典学者首先从人胃黏膜标本培养中发现的。

基本小知识

乳酸菌

乳酸菌是发酵糖类主要产物为乳酸的一类无芽孢、革兰氏染色阳性细菌的总称。凡是能从葡萄糖或乳糖的发酵过程中产生乳酸菌的细菌统称为乳酸菌。这是一群相当庞杂的细菌，目前至少可分为 18 个属，共有 200 多种。除极少数外，其中绝大部分都是人体内必不可少的且具有重要生理功能的菌群，其广泛存在于人体的肠道中。目前已被国内外生物学家所证实，肠内乳酸菌与健康长寿有着非常密切的直接关系。

微生物的数量

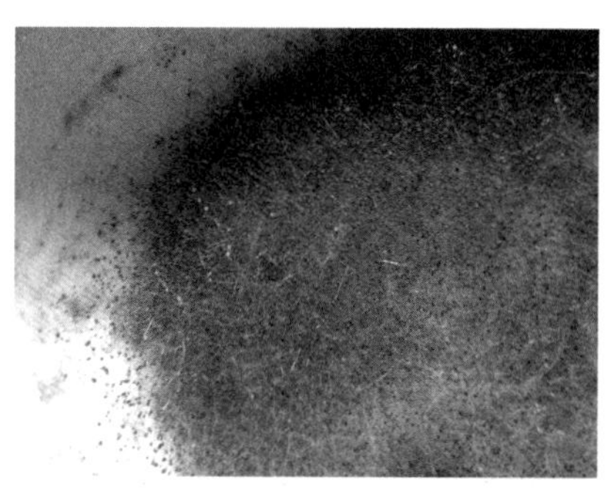

显微镜下钱币上的细菌

由于微生物所需的营养普及广，生长要求不高以及生长繁殖速度特别快等原因，凡有微生物存在之处，它们都拥有巨大的数量。例如，土壤是微生物的“大本营”。其中，细菌的平均数量一般为数亿/克，放线菌的平均数量一般为数 10 万/克。在人体肠道中始终聚居着 100～400 种微生物，它们是肠道内的正常菌群，菌体总数为 100 万亿左右。在人的粪便中，细菌约占 1/3。据调查组对某地 10 种面值共 44 万张纸币的调查，发现平均每张纸币上有 900 万个细菌。另外，一般人的每个喷嚏含有一两万个飞沫，其中含菌 4 500～150 000 个。而感冒患者的一个“高质量”的喷嚏则含有 8 500 万个细菌。在法国有人测定过各种空气样品的含菌量，发现百货店内每立方米空气中约含 400 万个微生物，林荫道中含有 58 万个，公园内含有 1 000 个，而林区、草地则只有 55 个。由此可见，我们都生活在一个被大量微生物紧紧包围着的环境中，但常常是“身在菌中不知菌”。

微生物的种类

微生物无所不在，那么究竟有多少种？科学家研究发现，从生理类型和代谢产物角度看，微生物种数大大超过了动植物种数。例如，细菌光合作用，化学合成作用，生物固氮作用，厌氧性生物氧化，各种极端条件下的生活方式，以及存在“生命的第三形态”（甲烷菌类古细菌），“第四形态”（病毒）和非生命与生命间的过渡类型（类病毒）等。其次，从种数方面看，由于微生物的发现比动植物迟得多，加上鉴定种数的工作以及划分种数的标准等问题较复杂，所以目前已确定的微生物种数在不断增长。随着分离、培养方法的改进和研究工作的深入，微生物的新种、新属、新科甚至新目、新纲屡见不鲜。这不是在生理类型独特、进化地位较低的种类中常见，就是最早发现的较大型的微生物——真菌，至今还以每年约 700 个新种的势头不断递增。苏联微生物学家伊姆舍涅茨基说过，我们所了解的微生物种类，至多也不超过生活在自然界中的微生物种数的 10%。可以相信，总有一天微生物的种数会超过动植物种数的总和。

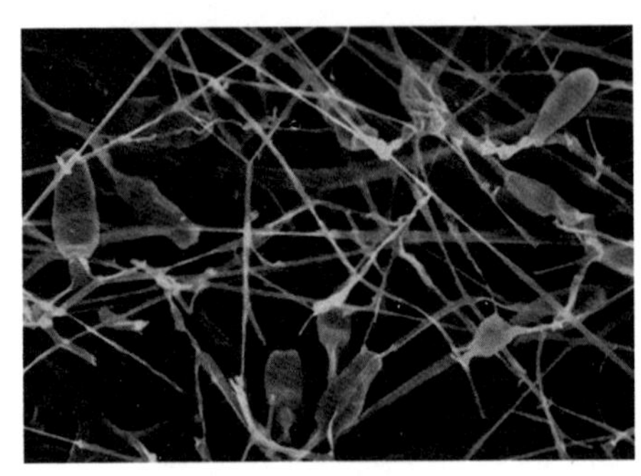

△ 脚气真菌

微生物的大小

众所周知，微生物个体非常小，用肉眼是难以观察的。那么，是不是所有的微生物都一样大呢？其实不是这样的，各类微生物个体大小的差异十分明显。粗略地说，真核微生物、原核微生物、非细胞微生物、生物大分子、分子和原子的大小，大体都以 10:1 的比例递减。目前所知道的最小微生物是1971年才发现的马铃薯纺锤块茎病的病原体——类病毒，它是迄今所知的最简单与最小的专性细胞内寄生生物，其整个个体是由359个核苷酸组成的一个闭合环状的RNA分子，长度仅为50纳米。细菌中最普遍的是杆菌，它们的平均长度约2微米，故1 500个杆菌头尾衔接起来有一颗芝麻长；它们的宽度只有0.5微米，60~80个杆菌“肩并肩”地排列成横队，也只够抵上一根头发的宽度。我们知道，任何物体被分割得越细，其单位体积所占的表面积越大。如果说人体的“面积和体积”比值为1，大肠杆菌的比值则高达30万。由此可见，微生物多么小，而且有一个极端突出的小体积大面积体制，让人不可思议。其实，所有这一切特征都有利于它们与周围环境进行物质能量和信息的交换。

知识小链接

大肠杆菌

大肠埃希氏菌，通常称为大肠杆菌，是由德国奥地利儿科医生特奥多尔·埃舍里希于1885年发现的。在相当长的一段时间内，它一直被当作正常肠道菌群的组成部分，认为是非致病菌。直到20世纪中叶，人们才认识到一些特殊血清型的大肠杆菌对人和动物有病原性，尤其是对婴儿和幼畜（禽），常引起严重腹泻和败血症。它是一种普通的原核生物，根据不同的生物学特性将致病性大肠杆菌分为六类：致病性大肠杆菌、肠道产毒性大肠杆菌、肠侵袭性大肠杆菌、肠出血性大肠杆菌、肠聚集性大肠杆菌、肠黏附性大肠杆菌。大肠杆菌属于细菌。

微生物的“衣服”

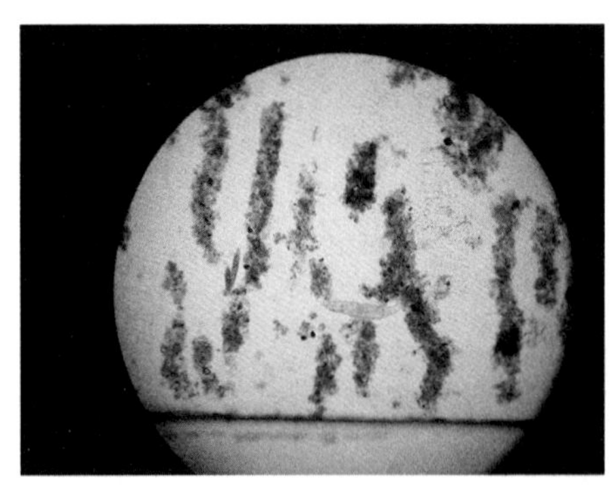

菌胶团

我们人类是需要穿衣服的，动植物也有自己的衣服。动物的衣服是它的皮毛，植物的衣服是细胞壁以及它外面的附属物。不要认为微生物都是“赤身裸体”，一丝不挂的。其实，它们有些也穿着一身特别的“衣服”。科学家给这种衣服取名叫“荚膜”。不过，在一般情况下，这套特殊的衣服是看不见的，它是透明的，就是放到“科学的眼睛”——显微镜下也难于看清。聪明的科学家想出一个好办法，将它们这套衣服染上红或紫的颜色，这样才使它们原形毕露。实际上，这身隐身衣是微生物自己编织的一种透明的、非常整齐的、黏度极大的一种物质。一般情况下，一个微生物自己穿一件衣服，也有些“家庭贫困”的两个或几个微生物共同穿一件衣服，科学家把这种现象称为“菌胶团”。微生物有了这层衣服的保护就不再害怕外界敌人的侵害。因为这套衣服是由黏性极强的物质构成的，所以它可以黏附在任何一处微生物非常喜爱的地方，在此安家立业，繁衍子孙。

拓展阅读

·荚　膜·

荚膜是某些细菌在细胞壁外包围的一层松散的黏液物质，主要是由葡萄糖和葡萄糖醛酸组成的聚合物，也有含多肽与脂质的。

微生物的头发

鞭毛菌

微生物的长相千奇百怪，有谁会相信它会长头发呢？说来也奇妙，有些微生物确实长有头发。科学家给微生物的头发取了一个名字，叫“鞭毛”。众所周知，人的头发是由一种蛋白质组成的，微生物的头发也是由一种特殊的含有硫元素的蛋白质组成的。微生物的头发所在的位置不尽相同，有的只生在一端，有的生在两端；有的只有一根，有的有两根，有的甚至全身长满了毛。实际上，微生物的头发——鞭毛，是一种运动器官，微生物就依靠它在水中自由游动。鞭毛极其纤细且易于脱落，失去鞭毛的微生物就不能再运动了。但它不会死亡，依旧活得好好的。并不是所有的微生物都有鞭毛，如球菌中只有尿素八叠球菌有鞭毛，杆菌中只有一部分有鞭毛，所有的丝状菌、弧菌、螺旋菌都有鞭毛。鞭毛在微生物的生命活动中起着重要作用，这种头发是每个微生物都梦寐以求的，但也不是每个微生物都能如愿以偿的。

基本小知识

鞭　毛

在某些细菌菌体上具有细长而弯曲的丝状物，称为鞭毛（*Flagellum*）。鞭毛是细菌的运动器官。鞭毛的长度常超过菌体若干倍。

微生物的替身

拓展阅读

·芽　孢·

有些细菌（多为杆菌）在一定条件下，细胞质高度浓缩脱水所形成的一种抗逆性很强的球形或椭圆形的休眠体就是芽孢（Endospore）。对多数细菌来说，1个菌体细胞只生成1个芽孢，但有些菌体会生成两个芽孢，如坚强芽孢杆菌。有的在细胞一端生成，有的在细胞中部生成。由于芽孢是在细胞内形成的，所以也常称之为内生孢子。

微生物的生活像我们人类一样，有时会遇到逆境，如在温度过低，pH值发生变化等一系列不适宜的环境中。在一定的生活环境中，微生物生长到一定阶段后，在细胞内会产生一种圆形或卵圆形的结构，它折光性很强，不易于着色，含有致密的壁，有极强的抗热、抗辐射、抗化学药物的特性，这种结构可以帮助微生物度过不良环境，使微生物以休眠状态存活下去。科学家把这种结构称为“芽孢”。芽孢只是微生物的休眠体，是微生物的替身，它不能繁衍后代，在适当条件下，可以萌发形成新的微生物。芽孢可以在细胞的任何部位形成，使母细胞形成各种形状，如梭状、鼓槌状、纺锤状、网球拍状等等。并不是所有生物都产生芽孢，一般只有好氧芽孢杆菌、厌氧性梭状芽孢杆

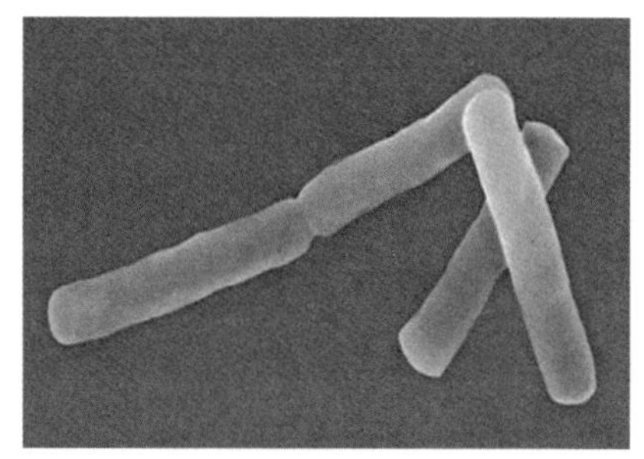

芽孢杆菌

菌、梭菌以及八叠球菌属的成员才能产生芽孢。芽孢在微生物的生命中占重要地位，这个替身使微生物在逆境下存活几年是不成问题的。

基本小知识

芽孢杆菌

芽孢杆菌（Bacillus），细菌的一科，能形成芽孢（内生孢子）的杆菌或球菌，包括芽孢杆菌属、芽孢乳杆菌属、梭菌属、脱硫肠状菌属和芽孢八叠球菌属等。它们对外界有害因子抵抗力强，分布广，存在于土壤、水、空气以及动物肠道等处。

微生物的食品

数以万计的微生物无处不在，它们靠什么生活呢？实际上，微生物是一批饕餮食客，它们贪吃无厌。山珍海味、蔬菜水果、肉类糕饼，都是它们喜欢的食物，就是浆糊、皮鞋、衣服、垃圾、动物的尸体和粪便以及腐烂的木头等，均是它们的吃食。也有些微生物吃得很“清淡”，它们只要吃些空气里面的氮气，就能维持生命。但有的微生物口味很特别，喜欢吃铁、硫黄、石油等东西。食谱之广，真乃洋洋大观。说来奇妙，这些“微子微孙”一时找不到食物，它们也不在乎，饿上一月半载也无妨，但只要遇上可吃的东西，那就“当吃不让”，风卷残云地吃个痛快。它们能把地球上的一切生物残躯遗体吃个精光，称得上大自然的清洁工。由此可见，地球表面经过千万年来的积累，没有被生物尸体充塞满，还亏得这些微生物立下的功劳。

微生物的繁殖

微生物像人一样也需要通过繁殖来产生后代，繁衍种族。微生物没有雌雄之分，它们繁殖后代的方式也与众不同，它们是靠自身分裂来繁衍后代的。主要是将自己一分为二，二变为四，四变为八，就这样成倍地分裂下去，科学家把这种繁殖方式称为裂殖。如果分裂发生在微生物的中腰部，与它的长轴垂直，分裂后形成的两个子细胞的大小基本相等，这样的分裂方式称为同型分裂。如果分裂偏于一端，分裂后形成两个大小不一的子细胞，这样的分裂方式称为异型分裂。裂殖是最简单的一种繁殖方式，只要各方面条件都适合，微生物可以每隔 15 分钟就分裂一次。有人测算过，如果照这样的速度分裂下去，那么一个昼夜，一个微生物就可变为“1”字后面加上 21 个“0”的巨大数目。半个月就可铺满地球的表面。不过不用担心，微生物也有它所惧怕的敌人，如冷、热、酸、碱等，这些敌人使微生物不能无休止地繁殖，只能遵循自然规律——适者生存。

拓展阅读

·裂　殖·

分裂生殖（Fission）又叫裂殖，是无性生殖中常见的一种方式，即是母体分裂成 2 个（二分裂）或多个（复分裂）大小形状相同的新个体的生殖方式。

微生物的睡眠

经过一天的紧张忙碌，我们人类就要在夜晚休息，以补充精力。那微生物又是怎样休息的呢？科学家研究发现，微生物在不良条件下很容易进入休眠状态，不少种类还会产生特殊的休眠构造。干燥、低温、缺氧、避光、缺乏营养并加入适当的保护剂等，都会造成微生物的休眠。据报道，有的芽孢经过500 ~1 000 年甚至1 900 年的休眠后，仍有活力。1981 年，苏联乌拉尔山西麓彼尔姆“五一”农庄的奶牛，在接触过一个考古遗址后都患了奇怪的炭疽病。经证实，这些奶牛感染了该地1 000 年前曾流行的炭疽病菌的芽孢。1983 年，埃及考古部门在开罗南部萨加拉村附近的墓穴里发现了一些干酪片，经研究，这种2 200 年前的食物竟含有活的发酵菌。甚至还报道过三四千年前金字塔中的木乃伊上至今仍有活的病菌。微生物的这种休眠，使它们能保持旺盛的生命力，当它们“一觉醒来”时，又以新的生命体展现于世。

基本小知识

炭疽病

炭疽病是一种急性的细菌传染疾病，是由炭疽杆菌所引起的。炭疽杆菌的可怕在于它休眠状态时形成顽强的“孢子”形态，以抵御恶劣的环境。直到进入动物或人体中，才会转成细胞，释放毒素伤害宿主。抗生素可用以治疗炭疽病。

微生物的变异

达尔文在《物种起源》一书中提出：任何生物都是在不断进化的，都存在着变异。然而微生物的变异在自然界中可以说是独树一帜，没谁能比得上。在自然条件下或人为因素的影响下，“儿子”会变得比“老子”更加厉害，本领更为强大，而且这些本事还会一代一代往下传，并且说变就变，又迅速又彻底。这一切均与微生物的构造有关。微生物的结构十分简单，没有植物那样的根、茎、叶，也不像动物有各种复杂的系统，微生物多是单细胞或是由单细胞构成的群体，变异相对简单得多。微生物的变异对人类来说有利也有害，比如抗药性的产生对人类就十分有害，致病菌产生抗药性，我们就不得不研制新药来对付它们，这样就会消耗掉人类宝贵的资源和财富。当然，有些微生物的变异对人类还是有利的，比如各种为人类服务的微生物们在发生变异后，能加大微生物工业品的产量和质量，在单位时间内的原料利用率增加，会给人类带来更多更好的食品。了解了变异的双重性后，人们就可以人为地控制微生物的变异，让微生物们更好地为人类工作。

微生物的“集体照片”

大家都知道，我们人类社会是由一个个家庭组成的，每个家庭都包括许多有亲缘关系的人。微生物的家庭也是如此，由一个微生物繁衍产生一群有关系、互相联系的一个整体，科学家给这个整体起了个名字叫菌落。微生物在固体培养基上生长繁殖时，受培养基

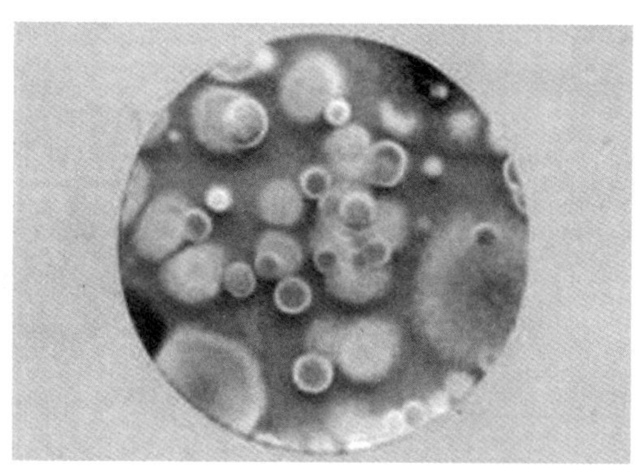

△ 霉菌菌落

表面或深层的限制，不能像在液体培养基中那样自由扩散。因此，繁殖的菌体常聚集在一起，形成肉眼可见的具有各种形态的群体，称为菌落。各种微生物在一定培养基条件下形成的菌落具有一定的特征，包括菌落的大小、形状、光泽、颜色、硬度、透明程度等。细菌的菌落表面光滑、透明、湿润、颜色均一、容易挑起。而放线菌的菌落表面干燥且呈粉末状，由许多菌丝交错缠绕而成，菌落小而不蔓延，与培养基结合紧，难于挑起。还有其他一些微生物形成的菌落颜色非常漂亮，形状各异。菌落的特征对菌种的识别和鉴定有重要意义。

基本小知识

菌　落

菌落（Colony）是由单个细菌（或其他微生物）细胞或一堆同种细胞在适宜固体培养基表面或内部生长繁殖到一定程度，形成肉眼可见的有一定形态结构等特征的子细胞群落。

微生物的“旅行”

我们已经知道，无论在土壤中、空气中、水中、人体上均有微生物的存在，人们每刻都在与微生物打交道。微生物虽然栖息在土壤中，但它们经常飘游四方，到各处“旅行”。让我们首先看看微生物在土壤中的旅行。土壤中的微生物是最多的，但它们在土壤中的移动性较差。而水中的微生物也只能沿着江河水的流动而传播。所以，最有效的旅行方式是飞行。它们坐在尘埃或液体飞沫上，凭借风力可以漫游 3 000 千米，飞上 2 万多米的高空。如果这些微生物是致病性的，那么这次旅行可能会给人类带来沉重的灾难。例如，1918 年的世界性流行性感冒，从美国开始，游遍全球，全世界有1/4的人口患病，死亡几千万人。虽然微生物的旅行可能会给人类带来灾难，但只要我们了解它们的规律，就可以防范于未然，甚至利用微生物的旅行为人类造福。科学家研制出一种能在空中飘游很长时间的气溶胶，并使杀虫微生物吸附在其上面，当发现病虫害时，用飞机喷撒，可一举歼灭害虫，并能节约大量的杀虫剂，可谓一举两得。

爱美的微生物

微生物也像女孩子一样非常爱美，科学家在实验室中用染液给它们染色时，它们有的喜爱红色，有的喜爱紫色，结果所有微生物被分成 2 类，一类穿红色衣服组成红色方队，另一类穿紫色衣服，组成紫色方队。这是为什么呢？微生物学上把穿红色衣服的称为革兰阴性细菌，把穿紫色衣服的称为革兰阳性细菌。这两类菌的细胞壁结构有所不同，在染色时发生不同的反应，革兰阴性细菌的细胞壁分为 2 层，肽聚糖含量低，网孔较大，在染色过程中结晶紫——碘复合物容易被抽提出来，于是细胞被脱色而在复染时被染成红色；革兰阳性细菌的细胞壁分 3 层，肽聚糖含量高，网孔较小，通透性

降低，结晶紫——碘复合物被保留在细胞内，细胞不被脱色而呈紫色。可见爱美也是有原因的，它们也不是自由选择自己喜爱的颜色的，而是被动地选择，这是由它们自身细胞壁结构所决定而无法改变的。革兰染色在微生物鉴定方面具有重要作用。

偏食的微生物

你们知道科学家在实验室是如何培养微生物的吗？微生物那么小，要怎样才能看见呢？实际上，科学家采用一种极简单的方法来培养微生物，他们配制一种透明的固体，叫作培养基，在它上面培养微生物。培养基的配制有许多种方法，这要依照你所要培养的微生物而言。例如，培养细菌要用肉汁蛋白胨培养基，培养放线菌要用“高氏一号”合成培养基，培养酵母菌用麦芽汁培养基，培养霉菌用查氏合成培养基。每种不同的培养基含有的营养物质成分不同，pH 值不同，培养微生物的目的也不同。不同的微生物像小孩子一样喜爱吃不同的食物，所以在营养物中加入某种微生物爱吃的成分，这种微生物就长得特别好，而其他微生物不爱吃这种食物，就会营养不良，发育不全，自然就不爱生长，结果就可以看到在特定培养基上只有某种微生物生长的现象。这就是微生物偏食对科学研究有重要价值的原因。

·培养基·

培养基（Medium）是供微生物、植物和动物组织生长和维持用的人工配制的养料，一般都含有碳水化合物、含氮物质、无机盐（包括微量元素）以及维生素和水等。有的培养基还含有抗菌素和色素，用于单种微生物的培养和鉴定。

勤劳的微生物

微生物的世界也是千奇百怪的，有的爱美，有的偏食，有的懒惰，有的勤劳。这类勤劳的微生物像人类一样自己动手，丰衣足食，用劳动换取自己所需的营养物质。它们能以二氧化碳（CO_2）作为唯一碳源或主要碳源并利用光能进行生长，主要包括藻类植物、蓝细菌和部分光合细菌。其共同特征是含有光合色素，能主动进行光合作用，并且能在完全无机的环境中生长。其次，它们中另一部分也能在完全无机的环境（即只有无机物质，没有有机物质）中健康地生长，并且也以二氧化碳作为唯一碳源或主要碳源，唯一不同的是它能通过无机物的氧化取得能量，而不依赖于叶绿素的光合作用。这两类微生物的共同特征就是都能主动创造营养物质，通过不同方法把二氧化碳氧化为碳水化合物，作为自身营养物质。根据其能量源

基本小知识

光合细菌

光合细菌（英文名：Photosynthetic Bacteria，简称 PSB）是地球上出现最早、自然界中普遍存在、具有原始光能合成体系的原核生物，是在厌氧条件下进行不放氧光合作用的细菌的总称，是一类没有形成芽孢能力的革兰氏阴性细菌，是一类以光作为能源、能在厌氧光照或好氧黑暗条件下利用自然界中的有机物、硫化物、氨等作为供氢体兼碳源进行光合作用的微生物。光合细菌广泛分布于自然界的土壤、水田、沼泽、湖泊、江海等处，主要分布于水生环境中光线能透射到的缺氧区。

的不同，科学家把前一类微生物称为光能自养型微生物，把后一类微生物称为化能自养型微生物。这两类微生物都辛勤地劳作，被我们喻为“勤劳的蜜蜂”。

懒惰的微生物

微生物世界中有勤劳的微生物，当然也有懒惰的微生物，它们自己不劳动，只靠从别人那里获取营养物质为生。但在这群懒惰微生物群体中，有一类相比之下还比较勤劳，它们以光能为能源，以有机物作为碳源，通过光合作用把有机物转变为自身生长所需要的物质。尽管如此，它们还是要从别处获取有机物后才能工作。科学家把这群微生物称为光能异养微生物，剩余的懒惰微生物，科学家把它们统称为化能异养型微生物。它与光合异养型微生物的区别是不利用光合作用，而利用化能合成作用，甚至它们有的一部分完全依靠从别处获取养料。根据有机物的来源不同，可以把懒惰的微生物分为腐生菌和寄生菌。腐生菌利用无生命的有机物质，而寄生菌从活的有机体中获取营养物质。自然界中还存在着不同程度的既可腐生又可寄生的类群，称为兼性寄生菌。寄生菌和兼性寄生菌大都是有害的微生物，可引起人和动物的传染病和植物病害。腐生菌虽不致病，但可使食物等变质，甚至引起食物中毒。

寄生菌

化能异养型微生物的种类多，数量也多，包括绝大多数的细菌、放线菌，所有的真菌和病毒。

贪吃的微生物

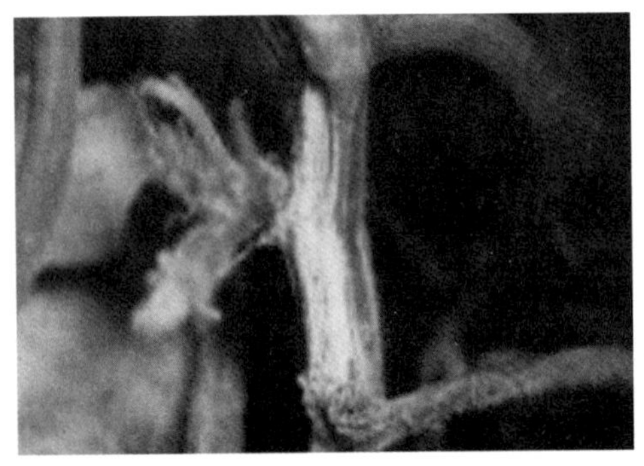
镰刀菌

自从列文虎克第一个看到微生物以来，几百年来，科学家们对微生物的认识逐渐加深。研究发现，微生物是名副其实的贪吃的“大肚汉”。现已发现，凡是动植物能够利用的营养物质，如淀粉、麦芽糖、葡萄糖、有机酸、蛋白质、维生素等，微生物均能来者不拒，照单全收；一些动植物不能利用的物质，甚至是剧毒的物质，微生物也照吃不误。剧毒的氰化物是一些镰刀菌、放线菌和假单胞菌的美味佳肴，空气中的氮气是固氮菌的主食；一些复杂的有机物如鱼虾外壳中的几丁质，现代工业的产物石油、塑料酚类，也能成为微生物的开胃点心。可以毫不夸张地说，只要有新的有机物合成，不管它的结构如何新颖复杂，只要一遇到微生物，肯定逃不掉最终彻底毁灭的命运。但微生物在自然界中各种元素和氮、磷、钾、

> **拓展阅读**
>
> **·麦芽糖·**
>
> 麦芽糖是碳水化合物的一种，由含淀粉酶的麦芽作用于淀粉而制得。用作营养剂，也供配制培养基用，也是一种中国传统怀旧小食。

碳的循环中起着重要的作用，没有微生物的分解作用，物质会越来越少，世界将会因为不能进行物质循环而最终永远地停止下来，所以说微生物在自然界中的作用还是很大的，只要善于利用，就会变废为宝。

五世同堂的微生物

对于动物和植物，人们是比较熟悉的，而微生物对有些人而言就陌生了。其实，它们在生物界里资格最老、历史最悠久，可人们发现它们还只有几百年的时间。微生物的个儿很小，平时我们的肉眼是看不见的，它们惊人的生长和繁殖速度，是任何动物、植物所无法比拟的。通常，10 多分钟时间微生物就能由小变大。如果条件适宜的话，20 分钟微生物就能产生新的一代，不到 1.5 小时便能“五世同堂”了。在人体的大肠中有一种大肠杆菌，它的繁殖力更为高强，在 37℃的牛奶中，只需 12.5 分钟就能分裂一次，产生新的一代。如果以通常所说的“20 分钟”分裂一次来计算，那么一个大肠杆菌在 24 小时后就可产生大约 2^{72} 个后代，如每个杆菌的重量为十亿分之一毫克，那么两天后，一个杆菌的后代总重量相当于上千个地球那么重。当然，由于各种条件的限制，微生物是不可能一直保持这个繁殖速度的。人类掌握了微生物的这些特点，通过人工创造好的条件培养各种微生物，我们就能得

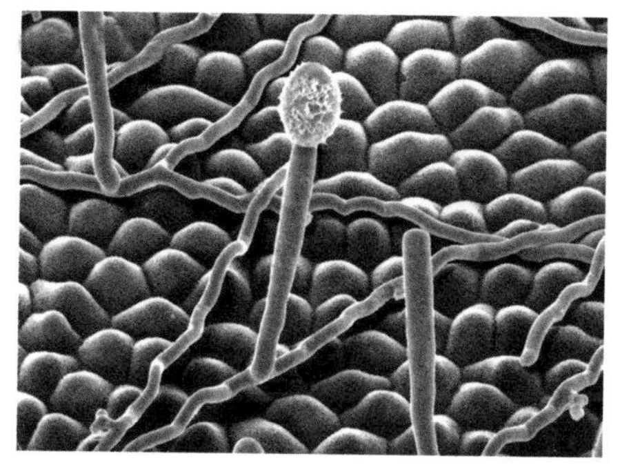

微生物的分裂

到许多有用的产品，如喝的酒、吃的酱，以及治病用的各种药物等。

有顽强毅力的微生物

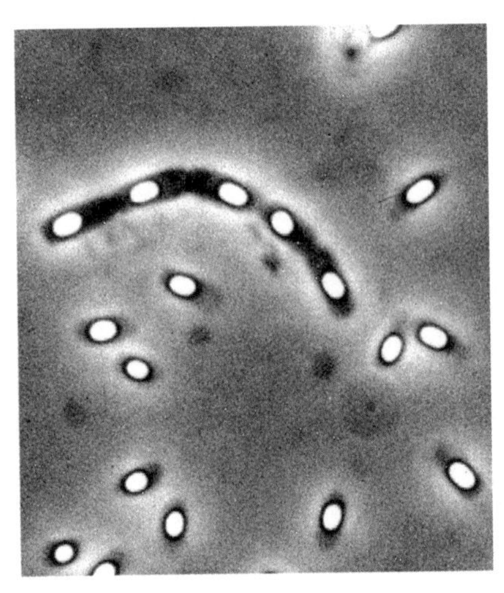

△ 芽孢杆菌

在漫长的进化历程中，微生物经受了各种复杂环境条件的影响和选择，结果使它们在抵御各种不良环境因素方面达到了生物界“冠军”的地位，它们有极强的抗热性、抗寒性、抗盐性、抗干性、抗酸性、抗碱性、抗缺氧、抗压、抗辐射以及抗毒物等能力。例如，从美国黄石公园温泉中分离到的一个高温芽孢杆菌可在沸水中生活；如果同时升高压力，温度提高到105℃时它还能生长。有些嗜冷菌可在－12℃生活，有些嗜酸菌，可生活在pH值0.9～4.5的环境中，还有些嗜压菌生活在海底10 000米、水压高达1 140个大气压处。世界上著名的咸水湖——死海，虽其含盐量高达25%～30%，却还有许多细菌生活在其中，故从微生物学家的角度来看，死海根本不“死”。可见如此有顽强毅力的生物不愧为生物界的冠军。

死　海

死海位于约旦同巴勒斯坦之间的西亚裂谷中，是世界上最低的湖泊，湖面低于地中海海面430.5米，平均深300米，最深395米。湖南北长80千米，东西宽4.8~17.7千米，面积1 020平方千米。湖水盐度达300~332，为一般海水的8.6倍。

不死的孢子

生物中谁的生命力最强？谁最能抵御外界各种不良环境？是细菌的孢子。孢子的体积极小，直径大约只有0.5微米，但它忍耐恶劣环境的能力却是其他生物所无法比拟的。不论严寒酷暑、干旱高压，都不能损伤它分毫。小小的孢子有这么大能耐的原因是什么呢？现在比较普遍的解释有两种：一种说法认为是孢子外有一层0.9微米厚的套膜保护了孢子，使其免受伤害，别小看这层薄薄的膜，它就像一层天然屏障保护着里面的孢子，并有一定的防止水分外泄的功能；另一种说法认为，孢子强大的生命力在于它较低的含水量，孢子内部的含水量只有20%左右，比普通生物含水量的1/3还少。此外，在孢子内的水大多与其他物质结合在一起，活

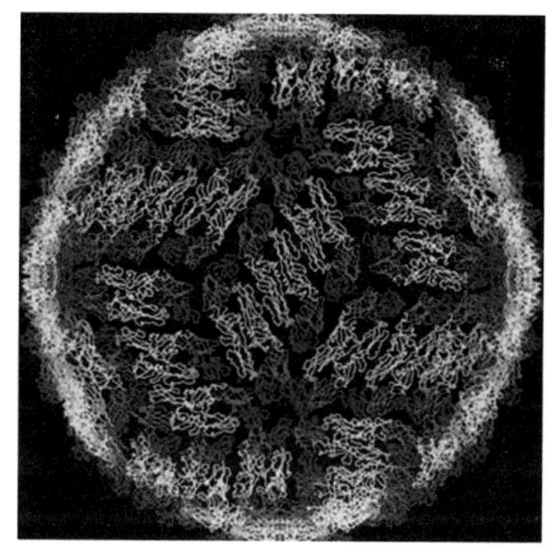

△ 细菌孢子

动性很差，可以自由流动的水很少。这样，含水少，又缺少流动水的孢子，生命的活动就不活跃，像动物的冬眠一样，美美地睡上一大觉，当外界的环境适宜时，才破膜而出，长出新的细菌来。所以千百年来，细菌的家族人丁兴旺，孢子真是功不可没啊！

最小的微生物

自从几百年前，荷兰人列文虎克第一次在自制的显微镜下发现了微生物以来，细菌曾被认为是最小的生物。1892 年以前人们对此还是坚信不疑。然而 1892 年俄国植物学家伊凡诺夫斯基推翻了这一种说法。那时候，在俄国的大片烟草田里发生了可怕的瘟疫，烟叶上长满了奇怪的疮斑。伊凡诺夫斯基经多次观察，仍无法找到引起花叶病的细菌。后来，他把细菌过滤，发现花叶病不是由细菌引起的，它的祸首是比细菌还小的生物——病毒。病毒是最小的生物吗？也不是。20 世纪 70 年代，美国科学家从马铃薯和番茄叶中发现了一类更小的微生物，它的个头只有已知的最小病毒的1/80。人们把这类微生物称为“类病毒”。类病毒只有赤裸裸的核酸，没有其他结构，它们只能寄居在别的生物细胞内，利用现成的物质来合成、更新自己的身体，一旦寄主死亡，就会另觅新寄主。到目前为止，类病毒是已知的最小的生物。随着科学的发展，是不是还会发现更小的生物，现在谁也无

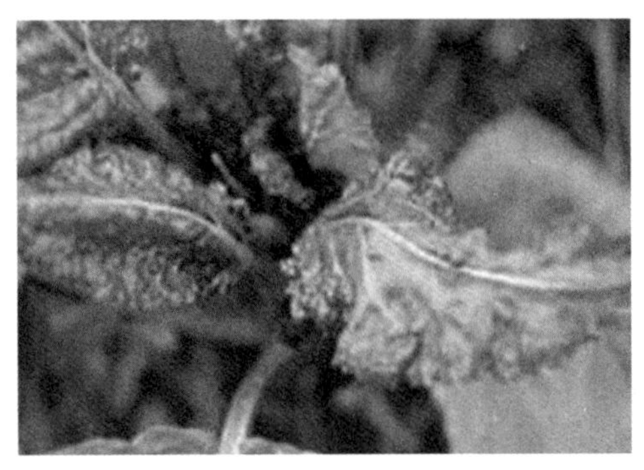

类病毒

法作出肯定的回答。

虫牙的来历

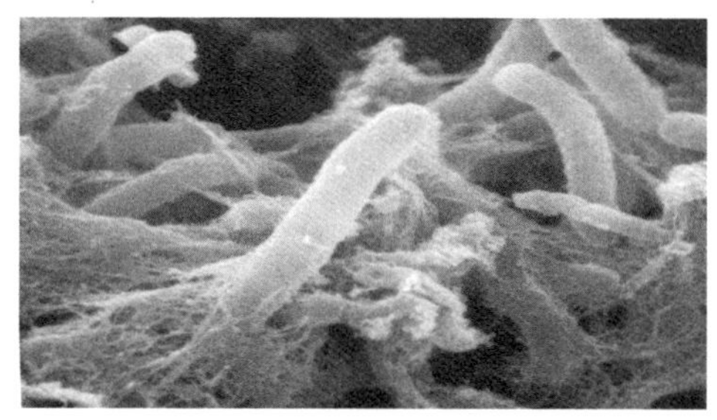
常见的乳酸菌

龋齿，俗称“虫牙”，人们得了龋齿后牙齿会很疼。古时候科学不发达，以为是由于虫子蛀食了牙齿，才形成了龋齿。于是，就有一些人借此为生，专门为患牙病的人挑“牙虫”，他们能从患者口腔中“挑”出细小的白身黑头的小虫来。后来，把戏被揭穿了，这里所谓的“牙虫”其实是韭菜或葱的种子发芽后的胚芽部分，细小而微弯，很像一条白身黑头的小虫。治病时，将这种“虫”藏在手中，到时魔术般地变出来，就变成从牙中“挑”出来的“牙虫”了。既然龋齿不是由于“牙虫”作怪，那为什么牙还会痛呢？原因是很复杂的，但大多是由于牙齿间常有各种食物残屑，经过微生物的作用（如乳酸菌）就会产生酸，经过酸的长期侵蚀，牙齿就会形成空洞，空洞越来越大就会碰到牙髓中的血管和神经，神经的感觉十分灵敏，这时吃东西就会牙痛。另外，吃饭时挑食，体内缺乏某种矿物质和维生素，致使牙齿发育不良，也容易患龋齿。因此，应养成不偏食，多吃蔬菜和粗粮，早晚刷牙，定期检查，发现牙病要早治的好习惯。这样，人人都会有一口健康的牙齿。

冷藏不能灭菌

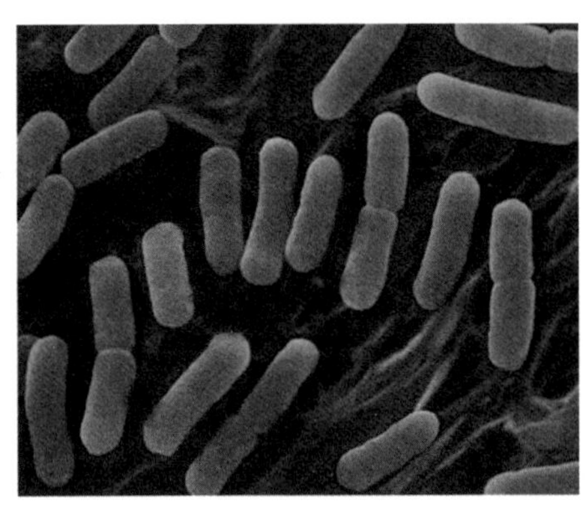

伤寒杆菌

人人都知道，冷藏是保存食物的一种方法。在严冬腊月，食物可以贮存得比较长久些；而在温暖的环境中，吃剩的饭菜、点心、熟食等食物，隔上一天或一夜就会发馊、变质。冷藏真的能灭菌吗？细菌学家曾做过这样的实验：取一桶冰淇淋，故意放入致病的伤寒杆菌，经测定，每毫升冰淇淋里大约含有5 000万个活的伤寒杆菌；把冰淇淋放进冰箱内，隔了5天后，取出一桶进行检定，发现每毫升里还有1 000多万个活着的伤寒杆菌；继续冷藏至20天后取样测试，这时每毫升冰淇淋里还有200万多个伤寒杆菌；过2个月后检查，里面还有60万个活菌存在；一直冷藏到2年零4个月再取出测定，发现这时每毫升竟然还存在6 000多个活的伤寒杆菌。这一试验有力地说明：冷冻的方法，只能起到限制细菌生长、繁殖的作用，并没有杀死、消灭细菌的效力。因此，冰箱、冷库里的食物，食用前仍需采用烧熟、煮透等办法灭菌后才能食用。

灭菌手段

△ 常用的红外线灭菌设备

微生物，尤其是能使人患病的微生物对人类的危害极大。因此，我们要想尽一切办法彻底杀死它，这就是灭菌。通过与有害微生物斗争的多年实践，人们总结出了许多行之有效的灭菌手段。

1. 高温

微生物和其他生物一样，没有合适的温度就不能生长，并且都惧怕火的威力，其中“火烧”是最古老也是最有效的灭菌手段，一切微生物均逃不出烈火的手掌心。其次，用煮沸、蒸汽、干热来灭菌均是行之有效的高温灭菌方法。

2. 阳光

在太阳光中有一种肉眼看不见的光线——紫外线，它具有很强的杀菌能力，许多微生物都怕紫外线。因此，勤晒衣被是预防传染病的好方法。

3. 射线

许多放射性元素都能发出各种波长的射线，它能产生比太阳光更强的杀菌力，在食品贮存方面取得不错效果。

4. 通风

通风不能杀死任何有害微生物，但它可将大量含有有害微生物的污浊空气排出去，有助于预防传染病。

5. 化学药剂

通过对细菌等微生物的代谢生理抑制来杀死微生物，例如现在的自来水中就用漂白粉来杀菌。

尽管人们在长期与有害微生物的斗争中，找到了许多消灭和防止有害微生物的办法。但是，一旦患病，仍需立即选用有效的药物来对症治疗。

无菌技术

了解微生物，就不可避免地要涉及无菌技术。在列文虎克亲眼看到细菌等微生物后，几乎历经了整整两个世纪，人们才逐渐体会到：要研究自然界中随处存在、数量庞大、杂居混生的微生物世界中的某一特定“公民”，首先要为它创造一个无任何杂菌干扰的无菌环境，这就是所谓的无菌技术。无菌技术按其处理后所能达到的无菌程度可分为四类。

·无菌技术·

无菌技术是在医疗护理操作过程中，保持无菌物品、无菌区域不被污染、防止病原微生物侵入人体的一系列操作技术。无菌技术作为预防医院感染的一项重要而基础的技术，医护人员必须正确熟练地掌握，在技术操作中严守操作规程，以确保病人安全，防止医源性感染的发生。

1. 灭菌

指彻底、永久地消灭物体内外部的一切微生物。

2. 消毒

消除物体表面或内部的部分致病微生物。

3. 防腐

完全抑制物体内外部的一切微生物，但一旦将此因素去除，原有的微生物仍可活动。

4. 化疗

利用某种化学药剂对微生物和其宿主间的选择毒力的差别来抑制或杀死宿主体内的微生物，从而达到防治传染病的效果。

无菌技术与人类的经济活动和日常生活息息相关，全世界每年仅因微生物引起的霉烂、腐败、变质而损失的粮食达2%以上，如果我们能自觉地广泛应用无菌技术来防治有害微生物对工农业产品的霉腐或发酵过程的染菌，则经济效益将是很大的。

蓝细菌的毒素

蓝细菌有一定的益处，例如生物固氮、光能合成有机物等。现在我们来看看蓝细菌的危害。早在1878年5月的《自然》杂志上发表的一篇文章中就指出：在默里河入海处蓝细菌的繁殖已对生物造成极大的危害，蓝细菌形成像绿色油漆那样的厚厚的一层浮渣，约5～15厘米厚，犹如一锅又浓又稠的粥。当动物饮用之后，就会昏迷，丧失神志，头颈向后歪，均在12小时内死亡。研究

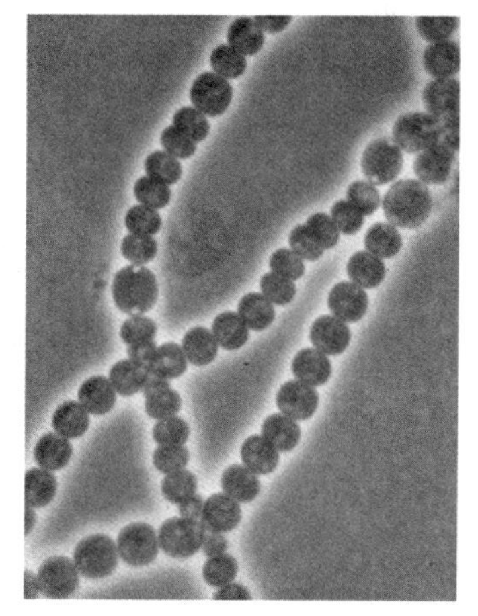

念珠蓝细菌

人员发现，在蓝细菌体内含有毒素，当水体中的氮和磷的浓度增加或者是风的吹拂等原因使蓝细菌逐步聚集在一起时，就可能发生中毒事件。蓝细菌的毒素有很多种，其中不乏有致命性的毒素。例如，蓝细菌的“肝毒素”，它们伤害动物肝脏并在几小时到几天内毒死动物。“变性毒素 A”可连续刺激人的肌肉，发生肌肉颤搐和痉挛，最终死于惊厥和窒息。并且这种毒素不能被降解，人们也没有研制出抗变性毒素 A 的阻抗剂。因此，防止死亡的方法只能是识别有毒的水并阻止动物和人类饮用。

细菌内毒素

我们知道：许多疾病是由于人体被细菌感染所引起的，这些细菌在人体内分泌出各种蛋白质，进入人体的各个系统中，引起发烧、昏迷等症状。这些毒素被称为“外毒素”。然而在 1982 年，有两位科学家分别阐述了不符合外毒素特征的一些毒素，并且有人注意到这些毒素并不主动向外分泌，而是隐藏在细胞内，因此取名为“内毒素”。这类毒素为革兰阴性细菌所特有。当内毒素由于细菌体破裂或受刺激等原因被释放到血液中去时，通常主要影响和刺激巨噬细胞，与巨噬细胞上的受体 CD14 结合，产生一系列生物学反应，导致人类患病。但最新研究发现：细菌产生内毒素的原因与细菌的繁殖有关，可以说细菌的内毒素是许多细菌完整的一部分，它能

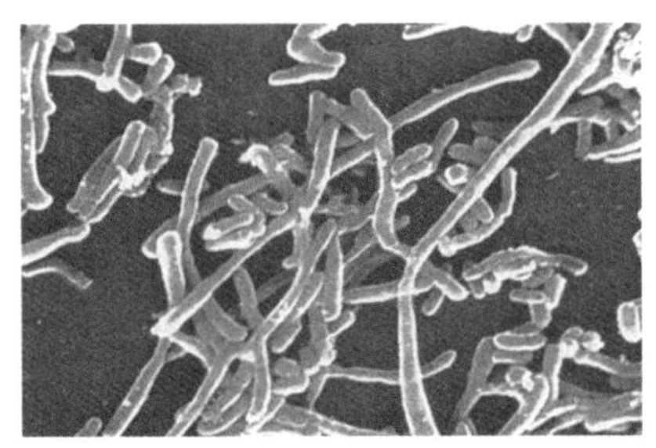

具有代表性的内毒素

在产生内毒素的细菌上形成一稳固防御物，阻止许多抗生素与那些侵染的细菌进行格斗。也有研究人员认为，接触内毒素分子是发展免疫系统并使之有活力的必经之路。总之，内毒素对人类有功也有过，人们正在努力阻止其坏的方面而利用其有益的方面。

微生物的侵入途径

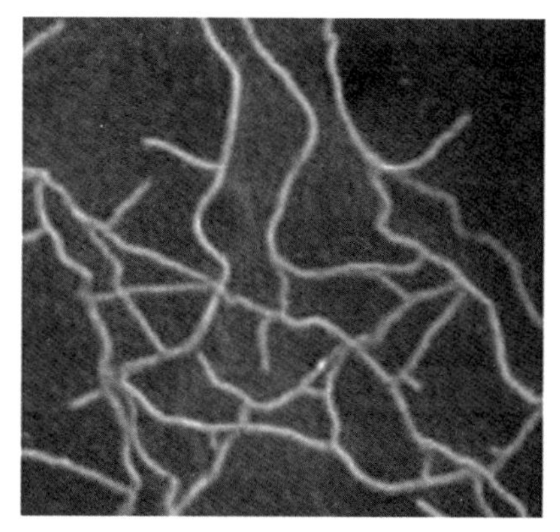
放线菌

在微生物家族中，引发传染病的，主要是细菌和病毒，它们的危害性最大；由放线菌和真菌引起的疾病则较少。致病微生物进入健康人、畜的肌体，一般是通过患者及带菌的人、畜与健康人、畜的直接接触来完成的。如果没有合适的侵入途径，还是不能构成传染。例如，伤寒杆菌必须经口腔进入人体，先定位在小肠淋巴结中生长繁殖达一定数量，然后进入血液导致人患病。根据各种病原微生物侵入部位的不同，可以分为以下四种传染途径。

1. 通过呼吸道侵入

这是病菌最常走的一条“路”，它们的侵入，不但使人们害上各种传染病，而且也使病人成了传染这些病的“传染源”，经常造成疫病的大规模流行。

2. 通过消化道侵入

俗话说，病从口入。伤寒、痢疾等消化道传染病，一般都是由于误食污染了的食物而引起的。

3. 通过皮肤和黏膜侵入

动物为保护身体而生长的一层皮肤，是一道防止病菌侵入的有效防线，但是一旦出现伤口，细菌就会“乘虚而入”，引起各种炎症、疾病，严重的还会危及生命。

4. 虫媒传染

有些蚊虫是病原菌的中间宿主，由它们叮咬动物和人来传播疾病。

以上是微生物的四种主要传播途径。为了防止疾病的传染，应注意卫生，勤加打扫，这样才能起到一定的预防效果。

微生物的致病机理

可以说，人们每时每刻都在同微生物进行接触，但并不是每个人都会生病，这是为什么呢？原来自然界中的微生物只有少数能引起人类的疾病，我们把它们统称为病原微生物。即使人们遇到病原微生物侵入体内也不一定会发病，这与病原微生物的毒力、数量、侵入部位有着密切的关系。侵入部位不对，即使进入人体也毫无作用。没有一定的数量，病原微生物也不能使人致病。

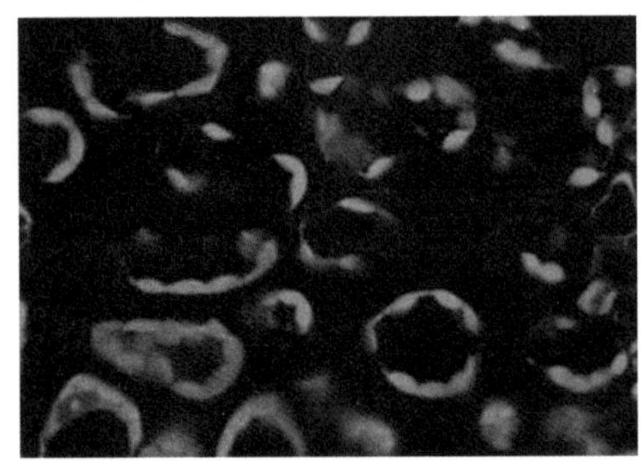

内毒素

如果一旦具有一定的数量且侵入的部位正确，能否使人致病那就与病原微生物的毒力有关了。毒力是指病原微生物的致病能力。各种病原微生物的毒力常不一致，即使在同一种细菌中，也有强毒、弱毒和无毒株之分。绝大多数致病微生物使人生病的原因是由于它们能分泌毒素，这些毒素分为两大类。

1. 分泌到菌体以外的毒素，叫外毒素，它的毒性很强。例如，引起食物中毒的肉毒杆菌的外毒素，仅仅1毫克就能杀死2 000只小鼠。

2. 存在于细胞内的毒素，它们并不排出体外，只有当菌体死亡溶解时，毒素才释放出来，引起患者中毒，此类毒素称为内毒素，它的毒性较弱。弄清了致病微生物的致病机理，就便于我们寻找对付各种致病微生物的有效办法了。

人体与微生物的对抗

可以毫不夸张地说，人类处在一个充满微生物、充满危险的世界中。人类的致病与治病是一场同病原微生物的永不停止的斗争。在这场斗争中，人类逐渐有了一系列的对策，这就是人体的免疫，它包括两种。

1. 非特异性免疫

这是人们生来就有的免疫力，它为人体建立了3道防线。第一道防线是皮肤和黏膜的防御机能，对微生物的侵袭起到机械的屏蔽作用，同时还能分泌杀菌物质。第二道防线是吞噬作用，如果皮肤和黏膜被病原微生物突破了，人血中的白细胞就要马上赶到，将侵入的病菌吃掉。还有一道防线是体液杀菌，正常人的血液和人体组织所含有的体液都含有多种能抑制或杀灭细菌的物质，它们具有中和毒素和溶解细菌的本领。但由于各人的体质不同，年龄不同，神经类型不同，其自然非特异性免疫的功能也就不同，所以才会有的人得病，有的人不得病。

2. 特异性免疫

在人体经预防接种，或感染了某种病原微生物以后，产生特定的免疫力，使人不患某种传染病，或战胜某种传染病而康复。现在人们常打的预防针就是一种增强人体特异性免疫功能的方法。

虽然人体有两种免疫能力，但一旦有了病，仍要及时找大夫医治，以免小病拖成大病，甚至危及生命。

微生物的猎人们

WEISHENGWU DE LIERENMEN

微生物学作为一门科学诞生于 17 世纪。当时，一个充满好奇心的荷兰人列文虎克（1632—1723）用一个经过他精心打磨的玻璃镜片去观察一滴湖水，成为第一个看到细菌和原虫的人。而另一个英国的微生物学家罗伯特·胡克（1635—1703）则是第一个看到细胞的人。1665 年，他用自制的显微镜观察到了植物细胞。胡克也描述了如何制作显微镜，它和十年后列文虎克制作的显微镜很相近。因为他们几乎同时发现了微生物世界，所以他们在人类科学史上享有同等的崇高荣誉。

列文虎克——第一个发现微生物的人

当人们回顾科学史上的许多发现时，有些现在看来是如此简单，然而在这之前人们摸索忙乱了好几千年，竟看不见就在眼前的事物，对于微生物就是如此。在几百年前，人们还不知道微生物的存在，如果你患了腮腺炎，你问你的父亲：“腮腺炎是怎么得的呀？”他会告诉你因为有个腮腺炎鬼怪钻进了你的身体作祟。直到列文虎克的出现才改变了这种现象。1632 年，列文虎克生于荷兰德尔夫特，家庭属于极受尊敬的酿酒阶层。16 岁起，他就在阿姆斯特丹的一家布店当学徒，21 岁后离开布店并结了婚，直到 40 岁，他被人看作一个无知无识的人。他只懂得荷兰语，上层人士的拉丁文他连读都不会读。但就是这样一个人在 20 年里，凭着自己的执着，学会了磨透镜的技术，他磨成的透镜在全荷兰首屈一指。他利用这些透镜制成了世界上第一台显微镜。这是一台十分简单的显微镜，比现在任何一台显微镜都简陋，但就是在这样的条件下，列文虎克第一个在雨中水中发现了微生物的存在。他把它们叫作“小怪物”。其后，他又在各种物质上发现了这些“小怪物”的踪迹。为此他被选为皇家学会会员，直到 1723 年，当已 91 岁的他在病榻上弥留的时侯，他还请人把自己的信翻译后寄给皇家学会。列文虎克以他的严谨、诚实，为人们打开了

▲ 列文虎克

你知道吗

·腮腺炎·

腮腺炎是由腮腺炎病毒侵犯腮腺引起的急性呼吸传染病，是儿童和青少年中常见的呼吸道传染病，成人中也有发病。腮腺的非化脓性肿胀疼痛为突出的病征，病毒可侵犯各种腺组织或神经系统及肝、肾、心、关节等几乎所有的器官，常可引起脑膜脑炎、睾丸炎、胰腺炎、乳腺炎、卵巢炎等并发症。

一个新天地。

巴斯德——微生物学的奠基人

1831年，微生物学处于停滞不前的阶段，而其他科学却在阔步前进。直到巴斯德的一系列重大发现问世，才使人们又一次对微生物产生了极大的兴趣。他是一个富有艺术家气质的人。20岁时，他已经在贝桑松中学当助教了。后来他迷上了化学，成了当时著名化学家杜马的一名学生。他在26岁时就有了重大发现。他对成堆细小结晶长时间审视观察后，发现有4种明显不同的酒石酸，而不是当时通常认为的两种。为此，他成为年龄是他3倍的学者们的朋辈。一次很偶然的机会，巴斯德的一位学生家长请他去看看出了毛病的发酵桶，从此把他引入了神奇的微生物世界。凭着他的化学功底，他从酿酒的原料中发现了造成酿酒失败的微生物，发明了著名的“巴氏灭菌法”。用这种方法可以使酒的保存期延长许多。从此巴斯德在微生物学的道路上越走越远，远远地超过了其他的人。他治愈了困扰畜牧业已久的炭疽病，预防了鸡霍乱的传播，找到了蚕微粒子病的原因。直到临死前，他还发明了用“十四次注射法”治疗被疯狗咬

广角镜

·酒石酸·

酒石酸，即2，3－二羟基丁二酸，是一种羧酸，存在于多种植物中，如葡萄和罗望子，也是葡萄酒中主要的有机酸之一。作为食品中添加的抗氧化剂，可以使食物具有酸味。酒石酸最大的用途是作饮料添加剂，也是药物工业原料。在制镜工业中，酒石酸是一种重要的助剂和还原剂，可以控制银镜的形成速度，获得非常均一的镀层。

伤的狂犬病人的方法。巴斯德用他的一生为微生物学奠定了坚实的基础，无愧为微生物奠基人。

科赫——与死亡做斗争的战士

为纪念科赫而发行的邮票

1860 至 1870 年的十年间，正是巴斯德发现蚕病原因、挽救造醋业而使统治者吃惊的时候。有一个矮小、严肃的德国人，正在哥廷根大学学医，他叫罗伯特·科赫，是一名好学生。他的梦想是做一名探险家或到天涯海角去旅行。但他最终做了一名普鲁士乡村医生。但是，罗伯特·科赫却没有安居乐业。他从一个村子移居到另一个村子，最终迁到东普鲁士的马尔斯太因。在那里，当他过 28 岁生日时，夫人给他买了一台显微镜供他消遣。就是这台供他消遣的新显微镜，使科赫开始了他奇特的探险。科赫最初的研究完全利用业余时间，他在为病人看病之余，全身心地投入到观察

> **拓展阅读**
>
> **·结核病·**
>
> 结核病，又叫“痨病”，是由结核杆菌引起的一种慢性传染病。结核杆菌可以侵害人体的各种器官，以肺结核多见。侵入不同部位表现不一。人与人之间呼吸道传播是结核病传染的主要方式，传染源是接触排菌的肺结核患者。

中。他利用老鼠做实验，把炭疽病的病菌传染给老鼠，他利用自己制造的简陋装置，观察到病菌的繁殖，并且还看到了微生物的芽孢，这在当时是两项极为重大的发现。从此，科赫飞离了医生的队伍，降落在最有独创性的研究家之中。他发明了用固体培养基来获得微生物纯培养的方法，他捕获了结核病的微生物，并成功地用染料将它们染成蓝色，用实验证明结核病的传播是因为吸进了附有微尘的细菌。他用无可辩解的事实证明：微生物是我们致病的原因，是杀死我们的凶手。

鲁和贝林——拯救无数婴儿生命的人

在 19 世纪 80 年代初期，白喉病特别猖獗。这种病十分可恶，每一世纪中总有几次发作。医院的儿童病房中，白色枕头上的小脸，已经被一只不可知的手扼得脸色发青。医生在病房里进进出出，束手无策，有半数以上的儿童无法逃脱死亡的阴影。鲁和贝林是拯救这些婴儿的人。鲁的全称为埃米尔·鲁，他是巴斯德的助手，在 1888 年拿起老师放下的工具，开始自己的研究。他将豚鼠和兔子作为实验材料，进行白喉病菌培养。他证明了白喉菌可以从它的微细身体里渗出一种毒素来。一盎司纯粹的毒液，足以使上万只大狗丧命。鲁的发现说明了白喉菌怎样害死婴儿，但他找不到方法制止它的肆虐。治疗白喉病的方法是另一个叫埃米尔的人发现的，他就是埃米尔·阿道夫·冯·贝林。他在科赫的实验所工作。他首先利用碘治疗白喉病，效果甚微。后来，他用一些劫后余生的动物血清来对动物进行免疫，终于找到了治愈白喉病的药物。贝林的成功使患白喉病的孩子的死亡率减至 3% 左右，拯救了无数婴儿的生命。

基本小知识

白喉杆菌

白喉杆菌为需氧菌或兼性厌氧菌，最适温度为37℃，最适pH为7.2~7.8，在含血液、血清或鸡蛋的培养基上生长良好。菌落呈灰白色、光滑、圆形凸起，在含有0.033%亚碲酸钾血清培养基上生长繁殖能吸收碲盐，并还原为金属碲，使菌落呈黑色，为本属其他棒状杆菌共同特点。且亚碲酸钾能抑制标本中其他细菌的生长，故亚碲酸钾血琼脂平板可作为棒状选择培养基。根据在此培养基上白喉杆菌落的特点及生化反应，可将白喉杆菌区分为重型、中间型和轻型三型。三型白喉杆菌的分布有所不同，常随地区和年份有别，有流行病学意义。

梅契尼科夫——微生物免疫学的先驱

▲ 梅契尼科夫

梅契尼科夫生于俄国南方，在还不到20岁时就说："我有热诚和才能，我天资不凡——我有雄心大志，要做一个出类拔萃的研究家！"在哈尔科夫大学学习时，他曾向他的教授借来一台当时稀有的显微镜，相当模糊地瞧过后，就开始了他的研究工作。梅契尼科夫一生的前30年，是一个乱叫乱喊、险遭不测的摸索过程。直到1883年，巴斯德和科赫的发现使大家对微生物像着了魔似的时候，梅契尼科夫忽然从自然学家变为微生物猎人。他在研究海星和海绵消化食物的方法时发现：在这些动物体内有一些奇怪的细胞，它们可以自由地从一个地方移动到另一个地方，他称它们为游走细胞。有一次，他

把一些洋红色的细粒放进一只透明的海星幼体内，看见这些游走细胞逐渐聚集到洋红色细粒的周围，并把它们吃掉了。这是微生物免疫学的开端，它证实了动物经受微生物攻击的原因。人们给游走细胞起了个科学的名称，一个希腊文名字，其意思就是吞噬细胞。这个名称现在仍在广泛使用。梅契尼科夫的这一发现为人类战胜各种微生物疾病提供了理论依据，为各种疫菌的研制和使用奠定了基础。

拓展阅读

·游走细胞·

游走细胞指的是能够在组织内自由移动的细胞，也称变形细胞。例如哺乳动物的小淋巴细胞、大淋巴细胞（单核白血细胞）、嗜中性白血细胞、嗜酸性白血细胞等。在无脊椎动物的典型例子，是在海绵动物的间充凝胶中，有伸出不定形伪足的于体内移动的阿米巴样细胞。这种细胞接受并消化襟细胞捕获的食物，或接受其他细胞的排泄物将之排除体外。此外，本身也能够改变为骨针母细胞、生殖细胞。也就是说，它是具有原始的未分化性质的细胞。因此，普遍称之为原始细胞（Archaeocyte）。

布鲁斯——昏睡病的克星

19 世纪 90 年代初，西奥博尔德·史密斯刚完成那个革命性的发现，在微生物猎捕上向前跃进了一步——他证明一种扁虱而且只有一种扁虱，会把死亡从一个动物传给另一个动物。后来，戴维·布鲁斯又继续研究下去。戴维·布鲁斯，一派温文尔雅的学究气，毕业于爱丁堡医学院，后来进了军医处，成为一名军医，随部队征战东西。在维多利亚湖边的尼安萨，死亡突然出现在原来平安无事的村子，虽然是缓缓的，但却毫无痛苦，只从发热高烧转为无可救药的懒惰，这在湖岸上忙忙碌碌的土人中是一种怪现象。人们吃着饭就睡着了，由昏昏沉沉直到不省人事，最后再也醒不过来了。皇家学会便派戴维·布鲁斯前往。他在病人的脊髓中发现了一种奇怪的小动物，它的后端是钝的，有一条挥动的细鞭子，布鲁斯称它为锥体虫，而传播这种病菌的动物是一种昆虫——舌蝇。在舌蝇的分布区内就会有昏睡病发生。布鲁斯采取一系列措施，甚至采取迁走舌蝇分布区内的人等手段，最终使昏睡病得到控制，拯救了无数人的生命。

罗斯与格拉西——消灭疟疾的功臣

疟疾是热带地区极为常见的一种地方病，患了疟疾的人体温会忽冷忽热，并有一定的规律，有的 2 天一发病称为间日疟，有的 3 天一发病称为三日疟，还有恶性疟等多种不同病程的发作。有些地方也称之为“打摆子”或“发疟子”。这种病的凶手就是小小的蚊子，而且是特定的蚊子才有可能传播疟疾。是两个人解开了这个谜，一个叫罗纳德·罗斯，英国医生。另一个叫巴蒂斯塔·格拉西，意大利人，在蠕虫、白蚁和鳗鱼的活动研究方面是极有名的权威。很难说他们的贡献谁多谁少——没有格拉西，罗斯肯定解决不了难题。而格拉西呢，如果没有罗斯的研究给他启发，他也许还要多摸索几年也说不定，因此可以断言，他们是相辅相成的。最初的实验可以说是失败的，在几百个患疟疾的人体内抽的血中，什么也找不到。后来，他们在一位优秀的英国医生帕特里克·曼林（他曾在上海行医）发现的蚊子能从中国人的血液里吸出蠕虫来的事例中得到启发，最终在蚊子的胃中发现了疟疾的病原菌，从而揭开了疟疾的面纱，为人类消灭蚊虫，防治疟疾，最终战胜疟疾开辟了道路。

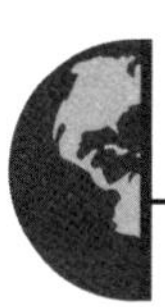

发现微生物的工具

FAXIAN WEISHENGWU DE GONGJU

人类第一次知道有微生物的存在，是几百年前荷兰的列文虎克所发现的，他通过自制的显微镜观察到了雨水中含有微小的生物，此后科学家们也开始对微生物产生兴趣，并思考着生活周遭一些原本大家认为是理所当然的事情，像是煮过的肉汤为何会有细菌的滋生。不过当时并没有人可以描述出微生物，所以人们都以各自观察到的想法进行推理。直到后来法国微生物学家巴斯德做了一个实验，重新开启研究细菌的大门，因此他也被称为“细菌学的始祖”。到 19 世纪末，人们陆续地证明了很多的疾病与微生物的关系，同时也陆续地发明了显微镜等各种仪器。

神奇的眼睛——显微镜

我们每个人都有一双宝贵明亮的眼睛，用它可以看到五光十色的大千世界：山川、河流、飞禽走兽、树木、花草、鱼虫……可是自然界中还有许许多多人的肉眼看不见的微小生物，这就需要显微镜来帮忙了。

显微镜能把小的物体放大，可以用它去发现另一个奇妙的微观世界。而这个引人入胜和有趣的世界并不亚于用肉眼看到的宏观世界，所以人们把显微镜称为“神奇的眼睛”。

基本小知识

宏观世界和宏观现象

宏观世界，亦称“大宇宙”，是宏观物体和宏观现象的总称。肉眼能见的物体都是宏观物体。宏观现象一般指宏观物体和宏观的空间范围内的各种现象，如人的活动、电磁波的传播等。有时运动量很大的微观粒子在大范围内的现象也称宏观现象，如加速器中基本粒子的运动等。

你可曾想过，如果将你周围常见的东西用显微镜去观察一下，将会是什么样子的呢？一把土壤在肉眼下只不过是一些棕色的小颗粒。然而在显微镜下你可以看到许许多多大小不一、形态各异的各种小生物，它们有的在爬行，有的在做弯曲动作。一片植物叶子，看上去除了有几道叶脉之外几乎是一片碧绿。若撕下一层表皮在显微镜下观察，那就是另外一番景象了。里边巧妙地排列着不同形状像盒子一样的图案，还有成对的半月形图形围成的孔洞，这就是气孔。它可开可关，植物就是通过这些气孔的开放进行气体交换和水气蒸腾的。

显微镜可观察任何一样东西。从厨房里的一小块肉、各种蔬菜叶、水果、食盐、淀粉，到家里的各种布料、毛线，以及各种图书画片，我们的头发、皮肤、手指，乃至室外的各种大小植物的根、茎、叶、花、果实、种子，鸟的羽毛，昆虫的各个部位，都可以作为观察的对象。总之，这个神奇的“眼睛”可以把我们带入一个肉眼看不到的微小的奇妙世界。

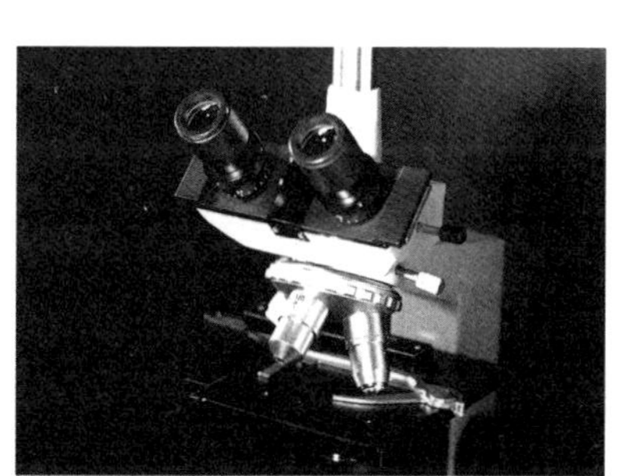

△ 显微镜

显微镜发展至今已经有几百年历史了，人们借助它，胜过了孙悟空的“火眼金睛”，已经钻入到物质的微观世界中去了。我们因此了解了微观世界各种物体内部的“五脏六腑”，同时也深入了解了这些“微小百姓”的容貌“美丑”、“大小”、“胖瘦”和“住处”等。人们认识的每一步深化，都是伴随着显微镜技术装备的创新及突破得以实现的。

显微镜是透镜研磨工匠们及科学家集体智慧的产物，它不断改进完善，为自然科学的发展立下了汗马功劳。

最早的一台显微镜

据历史记载，世界上最早的一台显微镜是由荷兰的眼镜商人詹森父子于 1590 至 1608 年创造的，但它并没有被保留下来。这台显微镜构造非常简单，是由两个双凸透镜组成的放大镜，放大倍数为10 ~ 30 倍。许多人用这台显微镜观察小昆虫，如跳蚤等，所以当时人们称它为“跳蚤镜”。显微镜一词是法伯尔于 1625 年首先提出并使用的，此后就成了这类仪器的定名。

△ 世界上最早的显微镜

虽然詹森父子所发明的显微镜和今天

的显微镜比较起来显得很简单，既没有完善的装置，又不能放大较高的倍数，但在显微镜的制造技术上已经把光学放大装置提高到显微镜水平。在显微镜史册上，詹森父子可称得上是最有名的开拓者。

拓展阅读

·显微镜·

显微镜是由一个透镜或几个透镜的组合构成的一种光学仪器，是人类进入原子时代的标志。它是主要用于放大微小物体为人的肉眼所能看到的仪器。显微镜分光学显微镜和电子显微镜。光学显微镜是在1590年由荷兰的詹森父子所首创。现在的光学显微镜可把物体放大1 600倍，分辨的最小极限达0.1微米，国内显微镜机械筒长度一般是160毫米。

重大发明和了不起的发现

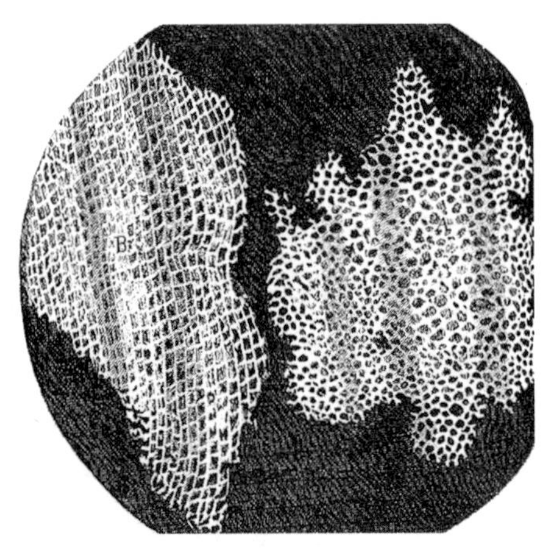

胡克观察到的软木片的细胞结构

到17世纪后半期，显微镜已有了突飞猛进的发展。1665年，一台具有科学研究价值并具有必要设置的复式显微镜问世了。它的设计者是一位英国物理学家——罗伯特·胡克。他发明的显微镜不仅放大倍数高，约放大140倍，而且结构设计得非常巧妙，具有目镜、物镜及镜筒，并把光学系统安装在一个支柱上，可上下移动，进行调焦，并在稳固的镜座上安装了可移动的载物台，在结构和功能上和今天的显微镜非常相似。它的照明装置也非常奇特，用油灯火焰作为光源，因为当时还没有电灯。为了使光线很好地聚集在标本上，还安装了一个聚光水球和凸透镜，这在当时可称得上是一台既巧妙又完善的显微镜了。

胡克用他发明的显微镜进行了许多观察，并认真做了记录，画了图，写了《显微制图》一书，并发表于1665年。他在这本书中描述了他所见到的软木薄片是由一个个被分隔的盒状小室集合而成的。他还曾写道："我一看到这些形象，就认为是我的发现，因为它的确是我第一次见到从未见到过的微小孔洞，也可能是历史上的第一次发现，使我理解到软木为什么这样轻的原因。"由于他首先叙述了这样的结构，并提出"细胞"一词，因此细胞的发现要归功于胡克。

英国科学家罗伯特·胡克

胡克的发现，引起了人们对生物显微结构的兴趣，纷纷用显微镜观察各种动物、植物材料，逐步认识到胡克当时所说的"小室"一词（中文译成"细胞"），实际上是植物死细胞的细胞壁，并不是完整的活细胞。一直到19世纪，人们才形成了"一切生物都是由细胞组成的"这一概念，这是19世纪三大发明之一。

卖布人发现了“小怪物”

和罗伯特·胡克同一时代，还有一个伟大人物叫列文虎克。他是荷兰人，他的一生可以说是苦难的一生。没有接受过正规教育，但他聪明好学，好奇心强，非常喜欢读各种科学书籍，由于家里生活困难，他 16 岁就到一家布店去当学徒，21 岁时，他自己开了一家布店。

列文虎克空闲时，对磨制镜片非常感兴趣。起初，他发现用玻璃球看东西有放大效果，便小心翼翼地把玻璃球磨制成一个个平滑的透镜，用它观察店里的各种布条纹，目的是检验布的质量。他渴望用自己的双手磨出均匀透亮的镜片，带领他进入人类用肉眼永远看不到的神秘的微观世界。经过不断的实验，他磨制出了一个直径 3 毫米，却能将物体放大 200 倍的镜片。

广角镜

·单细胞动物·

单细胞动物是仅仅具有一个细胞就可以完成其全部生理活动的一类动物。最典型的是草履虫，它和其他动物的最大区别就是没有任何的组织和结构可言（因为只有一个细胞）。它们的生理活动就是细胞膜凹陷产生一个空腔纳入食物，消化之后再由细胞膜产生一个球体排出排泄物。每次分裂就是产生两个独立的个体。

1667 年的一天，列文虎克用自己制造的显微镜观察池塘里的水，看着看着，突然，他惊叫起来：“我看到了很多非常活泼的‘小怪物’。”在这之后，他又用显微镜看到了种类非常多、相当优美的小怪物在不停地游动。他详细地记录了这些小东西的运动方式，还画出它们的形状。他原认为这是些小动物。后来经研究才发现这些运动的小动物是原生动物，即单细胞动物。这是一件非常了不起的发现。列文虎克既是显微镜的发明者，也是原生动物最先发现者。

列文虎克对每件事都好奇，他观察蛙、鱼的血液而发现了红细胞的核，观察鱼的尾部而发现了微血管。他搞研究的态度始终如一，小心、精确，而又反复不断地去观察每一件事物。

细菌天天和人们打交道，甚至不时从人们的鼻孔中进进出出。然而，由于人们用肉眼看不见它们，所以几千年来，人们竟不知道细菌是致病的因素，认为疾病是“神”和“上帝”对人类的惩罚。那么是谁第一次揭露细菌阴谋活动的秘密的呢？是列文虎克用他制造的显微镜。1683 年，他在观察自己的牙垢和污水时，结果发现里头竟有许许多多奇形怪状的生物——微生物。他感到非常惊讶，他写道：“在一个人口腔的牙垢里生活的动物，比整个王国的居民还多！”

就这样，列文虎克成了第一个发现细菌的人，一个卖布人登上了科学宝座。

平民出身的列文虎克在显微镜上奇迹般的成就引起了当时许多权威人物的注意，就连英国女王也知道了列文虎克的新发明，并向他提出，希望能用显微镜亲眼看一下那些“小怪物”。

有人十分羡慕列文虎克，紧跟在他的后边，追问他成功的秘诀。列文虎克一句话也没说，只是伸出他的双手——一双因长期磨镜片而满是老茧和裂纹的手。

列文虎克去世时，他与他制造的显微镜已扬名于世界。为了纪念这个伟大人物的功绩，人们把列文虎克制造的一台显微镜陈列在荷兰尤特莱克特大学博物馆里，一直保留至今。经测定，它的放大倍数为270倍，在当时，这个水平是很高的，直到19世纪初所制的显微镜也未能超过这一水平。

数百年后的今天，显微镜的制造技术已有很大改进，而且也无需你自己动手去磨制透镜。有了显微镜，你不但可以观察到当年列文虎克观察过的“小怪物”，而且还可以在更广阔的领域进行观察，成为这些领域的小发明家。

奇妙的光学仪器——眼睛

人的眼睛为什么能看到五光十色的大千世界，而对太远或微小的物体就看不清了呢？只要了解一下眼睛的结构，这个问题就迎刃而解了。

我们的眼睛，形状像个球，所以叫眼球，它是由眼球壁和眼球的内容物构成的。

眼球壁分为外膜、中膜和内膜三层。外膜又分前后两部分，前部是角膜，无色透明，因含丰富的神经末梢，所以感觉很敏锐。后部是巩膜，白色坚韧，有保护眼球内部的功能。中膜在外膜的内面，又分为脉络膜、睫状体和虹膜三部分。脉络膜占中膜的2/3，呈淡棕色，有许多血管和不透光色素细胞，所以它既能给眼球提供营养，又使眼球内部形成一个暗室。

拓展阅读

·眼　球·

眼球是脊椎动物眼中由巩膜、角膜及其内容物组成的大体上像球状的眼的主要部分。位于眼眶内，后端有视神经与脑相连。眼球的构造分眼球壁和内容物两部分。

睫状体含有平滑肌，具有调节晶状体曲度的作用。睫状体向前变为圆板状的薄膜——虹膜。虹膜内有平滑肌，可以调节瞳孔的大小，就像照相机的光圈一样，光线过强瞳孔则缩小，光线过弱瞳孔则放大。眼球壁的内膜是视网膜，含有许多感光细胞，能感受光的刺激。视网膜中央正对着瞳孔的地方，有一小块黄色而凹入的部分，叫作黄斑，它是感光细胞比较集中的地方，物像落在这里，视觉最清晰，我们观察物体的时候，就需要精确地调节眼球的位置，使物像恰好落在黄斑上。

基本小知识

虹　膜

虹膜属于眼球中层，位于血管膜的最前部，在睫状体前方，有自动调节瞳孔的大小，调节进入眼内光线多少的作用。在马、牛瞳孔的边缘上有虹膜粒。

眼球的内容物包括晶状体、玻璃体和房水。这些物质都是透明的，和角膜共同组成眼球的折光系统，好似一台光学仪器。晶状体在虹膜和瞳孔的后方，像双凸透镜，有弹性，它的周缘依靠晶状体悬韧带附着在睫状体上。玻璃体是胶状物质，在晶状体和视网膜之间。房水是像水一样的液体，它充满角膜和虹膜之间及虹膜的后方。

了解了眼睛的结构，就很容易知道我们的眼睛是怎么看到物体的了。外界的物体反射来的光线，经过角膜、房水，由瞳孔进入眼里。瞳孔好像眼睛的一扇窗户，可开大、关小。当人看远处不同的物体时，怎么能在视网膜上得到清晰的图像呢？原来晶状体的曲度可以调节，因为晶状体上有肌肉，肌肉收缩时，使晶状体曲度变大，近处物体就能在视网膜上成像；肌肉放松时，使晶状体凸度变小，远处物体就能在视网膜上成像。为了使远近不同的物体都能在视网膜上成像，晶状体就需要不断地调节。看距离很近的物体时，眼睛需要强力收缩，高度调节，所以时间长了，眼睛往往感到疲倦。实践证明，正常人的眼睛习惯于观看250毫米远近的物体，这时在视网膜上的成像最清晰，眼睛不必调节就能看清物体，也不易疲劳。人们通常把这250毫米叫明视距离。

广角镜

·晶状体·

晶状体位于玻璃体前侧，周围接睫状体，呈双凸透镜状。晶状体为一个双凸面透明组织，被悬韧带固定悬挂在虹膜之后玻璃体之前。晶体是眼球屈光系统的重要组成部分，也是唯一具有调节能力的屈光间质，其调节能力随着年龄的增长而逐渐降低，从而形成老视现象。晶状体前面的曲率半径约为10毫米，后面的曲率半径约为6毫米，前后径为4~5毫米，直径约为9毫米。

人们要看清物体，不仅需要使物体在视网膜上成像，而且这个像还要有一定的大小，如果太小，就分不清细节。例如，当我们在远处遥望一片即将收割的麦田时，看到的只是一片金黄色的麦浪，看不清一株株麦穗，更看不清麦粒。如果我们往前走，到一定距离时，就看清麦穗了，如果再往前走，就看到了麦穗上颗颗麦粒了。这是什么原因呢？原来，这是由于视角的大小变化造成的，我们观察一个物体时，两条光线从物体的两端反射到眼睛里来，形成了“视角”。同一个物体，离眼睛近，视角就大，在视网膜上的成像也大；离眼睛远，则视角小，在视网膜上的成像也小。如果视角太小，则眼睛就觉得这个物体只是一点而分不清细节了。实验证明，在光线好的条件下，正常人眼视力最小限度是只能看到视角为1分（1

度的1/60）的物体，视角小于1分的东西就被看成一个小点。因此，要想细致观察一个物体，必须设法放大视角。

我们要观察昆虫的外部形态，有时需借助于放大镜。放大镜能使光线发生曲折，放大物体的视角，从而使我们能看见肉眼所看不出的细小结构。

光学显微镜的分辨本领

一个放大镜是由一个凸透镜制成的，只能把物体放大十几倍，这样的倍数远不能用来分辨细胞的结构，为此把几个或几组透镜片联合起来，经过连续放大，能得到更好的放大效果，显微镜就是利用这个原理制造成功的。物体先经过一组透镜（称物镜）放大成一个倒立实像，然后再经过一组透镜（称为目镜）进行第二次放大。这样，一个微小的物体通过这两组透镜的放大作用，我们的眼睛通过目镜看到的是物体放大了的倒立虚像。如果在目镜和目镜之间安装上特殊的转像棱镜，就可以看到物体的正立虚像，这种显微镜被称为体视显微镜。

> **拓展阅读**
>
> **·放大镜·**
>
> 放大镜（Magnifier）是用来观察物体细节的简单目视光学器件，是焦距比眼的明视距离小得多的会聚透镜。物体在人眼视网膜上所成像的大小正比于物对眼所张的角（视角）。

近代的光学显微镜可放大1 000倍、2 000倍，甚至可达3 000倍。我们的眼睛一般看不清长度小于1/10毫米的东西，利用放大镜可以看到1/100毫米的东西，而在显微镜下则可以看到1/5 000毫米的小东西，如微小生物的外部形态及内部结构、细胞、病菌等。但是要想看清小于 1/5 000 毫米的生物结构，光学显微镜就无能为力了。这是由于光源本质所限制，眼睛能看见的光线，即可见光，是由许多不同波长的光线合成的，只能照明长度大于其波长一半的物体。要想看见小于 1/5 000 毫米的生物只能另请“高明”了。

另请“高明”——电子显微镜

要使显微镜看到更小的物体，关键是要找比光的波长短得多的照明光源。

物理学家们找到了一种比光的波长短几万倍的波——电子波，其波长大约是 2 亿分之一毫米，它相当于可见光中最短波长的 8 万分之一，像这样纤小的电子波，即使是最细小的病毒也显得硕大无比了。

第一台电子显微镜是 1932 年由克诺尔和鲁斯卡研制成功的。虽然放大倍数只有 12 倍，相当于一个很普通的放大镜的能力，但是它却是电子显微镜（人们常简称它为电镜）的祖先。经过不断改进，第二年，鲁斯卡制成了二级放大的电子显微镜，获得了金属箔和纤维的 1 万倍的放大像，分辨能力比光学显微镜高四五倍。电子显微镜的发明，是古老的光学显微镜漫长发展史中的巨大突破，立即引起了各国科学家的重视，并相继进行研制和使用。目前，电子显微镜已普遍能达到放大 100 万倍，可以看到 $1/10^7$ 毫米的超微细节和原子的图像。$1/10^7$ 毫米比注射针的针尖还细 10 万倍，电子显微镜的“目光”真是名副其实的“锐利无比”，它展现在人们眼前的是一个非常微小的世界。

上述的电子显微镜，外观基本上像一台倒置的光学显微镜，照明光源是极细的电子束通过聚焦后从上方射入超薄切片（标本），并透过标本后再被电磁透镜放大，投影在荧光屏上成像，因此称它为透射电子显微镜。平时所说的电子显微镜就是指的这一种。

拓展阅读

·扫描电镜·

扫描电镜是一种新型的电子光学仪器。它具有制样简单、放大倍数可调范围宽、图像的分辨率高、景深大等特点。数十年来，扫描电镜已广泛地应用在生物学、医学、冶金学等学科的领域中，促进了各有关学科的发展。

电子显微镜家族中还有一位后起之秀——扫描电镜。它是透射电镜的姐妹，这种电镜用于对物体外表形态的观察，它的分辨力虽比透射电镜低，但分辨率和放大倍数比光学显微镜高得多，它能使我们看到更为逼真、更为直观的立体形貌。在扫描电镜荧光屏前，仿生学家在这儿大有可为，在扫描图像上，他们将受到启发；工农业各部门也可以通过扫描电镜解决许多实际问题，并可为新产品设计提供极丰富的资料，狡猾的罪犯留下的蛛丝马迹也难逃遁。因此，扫描电镜已成为很多行业经常配备和应用的常规工具。

五花八门的显微镜

显微镜的发明，使人们对自然界的认识有了很大的飞跃。随着科学技术的发展，显微镜也在不断地革新，品种繁多，结构式样五花八门。

显微镜大体上可分为光学显微镜和电子显微镜两大类。目前广泛使用的主要是光学显微镜。

光学显微镜又可分为单式显微镜和复式显微镜。单式显微镜实际上是放大镜，是由一块或几块透镜组成，构造简单，放大率不高。复式显微镜由目镜、物镜和聚光器组成，构造复杂，放大率较高，在研究工作中及学校实验室所用的一般生物显微镜及体视显微镜都是复式显微镜。

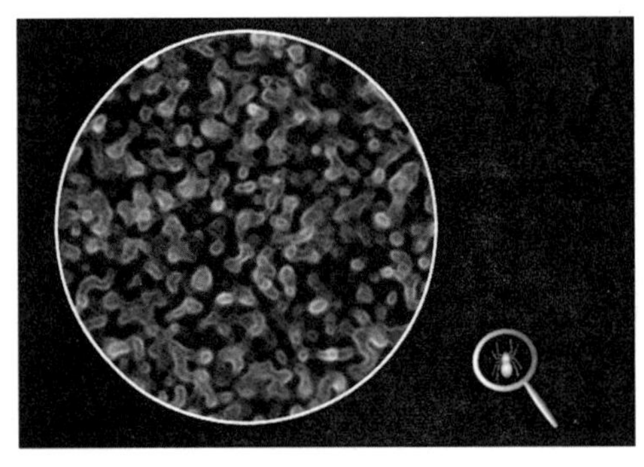

显微镜下的世界

复式显微镜按不同用途又可分为普通型、特种型和高级型三大类。

普通型显微镜仅供一般观察和研究之用。常用的单筒式、双筒式都属于这一类。大学、中学实验室里学生所用的一般生物显微镜、示教显微镜、体视显微镜等都是普通型。

特种型显微镜专门供特定条件下使用。比如：显微外科医生用的手术显微镜；观察活的、无色透明标本用的相衬显微镜；观察灰尘微粒外部结构用的暗视野显微镜；检查矿石、化学晶体，鉴别纤维、淀粉粒、骨骼、牙齿、毛发等用的偏光显微镜；检查金属结构用的金相显微镜；观察放置在培养皿或培养瓶中的标本用的倒置显微镜（它的物镜、标本和光源位置与一般显微镜刚好颠倒过来，故称倒置显微镜）。还有一种叫微分干涉显微镜，它不仅能观察无色透明的物体，而且图像呈现出浮雕状的立体感，具有相衬显微镜所不具有的优点，观察效果更为逼真，它是较新型的显微镜。另外，还有紫外光显微镜、荧光显微镜、电视显微镜等等。

高级型显微镜是指大型、多用途、附件齐全、光学部件高级、联机使用的多功能显微镜，可以根据需要，在一个主体上更换其配件，如偏光附件、相衬附件、荧光附件等等，所以又称它为万能研究用显微镜。一般科研部门、大学实验室都配有这种性能齐全的显微镜。

显微镜的性能

一台性能优异的显微镜，影像放大率高，而且能够清晰地呈现出物体的细微结构。怎样挑选一台好的显微镜呢？显微镜的性能是否优越，首先取决于物镜的性能，其次是目镜和聚光器的性能。显微镜放大物体，首先要经过物镜第一次放大成像，目镜在明视距离成第二次放大的像。目镜的放大倍数乘以物镜的放大倍数就是物体通过显微镜后的放大倍数。但并不是放大倍数越高显微镜的性能就越好，这与物镜的分辨力有着极为重要的关系。分辨力是指分辨物体细微结构的能力，与能够分辨出的物体两点间最短距离有关。显微镜能分辨出的物体两点间最短距离越小，则该显微镜的分辨力就越好，在相同放大倍数的前提下，这个显微镜的性能就优于其他分辨力低的显微镜。由此可见，并非物像放得愈大就愈好，性能就越优异。显微镜的好坏取决于其光学系统中各个部分的配合。

暗视野显微镜

一般的显微镜的照明是透射照明，即借助于物体表面反射光来观察不透明的物体。这时在显微镜的视野里，除了被观察的物体外

暗视野显微镜

均是明亮的。而有一种显微镜却不同，它的视野中只有物体是明亮的，而其他部分都是黑暗的，这就是暗视野显微镜。暗视野显微镜与一般的明视野显微镜的构造基本一致，两者的区别仅在于聚光镜略有不同，明视野显微镜的聚光汇集在一处，透过物体成像于人眼中，而暗视野显微镜的聚光镜却是用来阻止光线直接照射物体的，而使光线斜射在标本上，标本经斜射照明后，发出反射光进入光学系统被人眼捕获成像。这样，在显微镜的黑暗视野中就可看见明亮的物像。用暗视野显微镜可以观察到许多明视野显微镜下无法看清的细微结构，是明视野显微镜的有效补充，并且对于某些材料的观察如细菌鞭毛的运动有着极佳的效果。

相差显微镜

我们知道，人的眼睛之所以能够看见物体，是由于物体上的反射光或透射光进入人的眼睛后在视网膜上成像。但是对于透明的物体，光波通过时，其波长（颜色）和振幅（亮度）均不会发生变化，即使物体的各个部分的结构存在着一定的光学差异，即厚度差异和折射率不同，在人的肉眼看来仍然是透明的，这也是为什么当我们用普通光学显微镜观察活的透明细胞时，不易看清内部结构和组织的原因。光通过透明的物体只会形成相差，相差转变成振幅差，就能使透明的异质结构表现出明暗的不同，也就能看清这些部分了。相差显微镜就是利用光线的干涉现象，把相差转变成振幅差，以便观察活细胞的细微结构。相差显微镜的出现改变了以往显微观察时必须染色的状况，使科学工作者们能更直接地观察到细胞生活状态，是一种极有价值的工具。

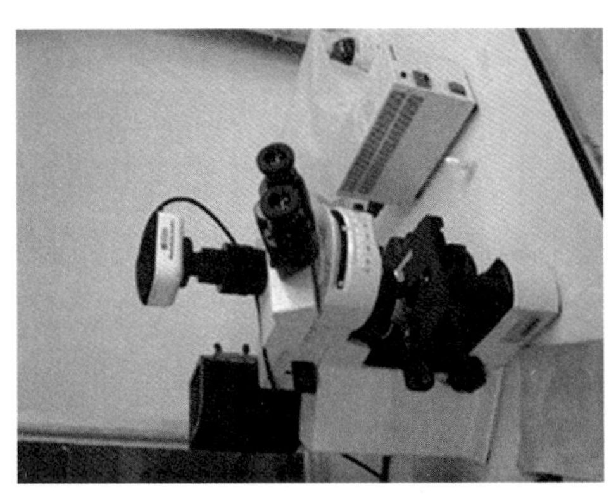

相差显微镜

微生物的家谱

WEISHENGWU DE JIAPU

微生物是个体难以用肉眼观察的一切微小生物的统称。它们个体微小、构造简单，大多为单细胞，少数为多细胞或无细胞结构的低等生物。主要有属于原核生物类的细菌、放线菌、蓝细菌、支原体、立克次体，属于真核生物类的真菌、原生动物和显微藻类。以上这些微生物在光学显微镜下可见。蘑菇和银耳等食、药用菌是个例外，尽管可用厘米表示它们的大小，但其本质是真菌，我们称它们为大型真菌。而属于非细胞生物类的病毒、类病毒和朊病毒（又称朊粒）等则需借助电子显微镜才能看到。

没有“心脏”的微生物

我们人类是有心脏，并靠其维持生命的。那微生物有没有“心脏”呢？在微生物的细胞当中都有一个重要的组成部分，它像心脏一样在微生物的生长繁殖等方面起着重要的作用，科学家把它称为细胞核。是不是所有微生物都有细胞核呢？不是。在微生物界有一类群微生物不具备真正的细胞核，它们的“心脏”被科学家称为拟核。一般情况下，拟核无核膜，没有核仁。它的遗传物质DNA也仅为一条双链环状结构，极其简单，并且DNA也不与组蛋白结合。具有拟核的微生物是通过二分裂的方式来繁衍后代的。这一典型的微生物类群被称为原核微生物。它们不光在细胞核上有区别，而且细胞壁（大多数微生物含有肽聚糖）、细胞膜（没有固醇）、细胞器（没有液泡，溶酶体、微体、线粒体、叶绿体等）等方面也与具有真正“心脏”的微生物有区别。原核微生物是在生物出现的早期阶段就已出现的最早的类群，所以在细胞结构、形态特征、生理特性等方面的表现都比较原始低等。原核微生物主要包括细菌、放线菌、立克次体、支原体、衣原体和蓝细菌等。

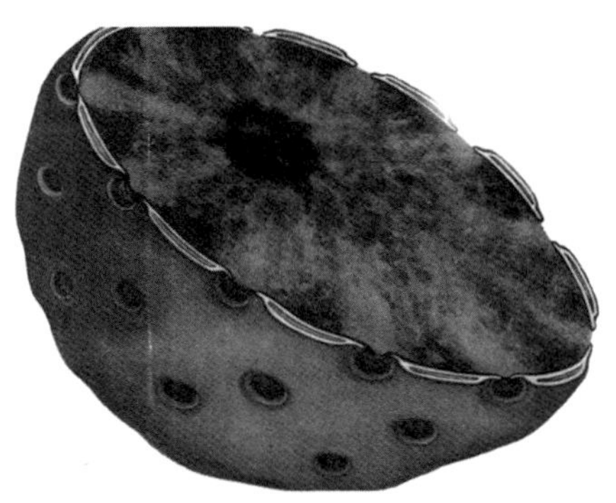

细胞核

广角镜

·原核微生物·

原核微生物的核很原始，发育不全，只是DNA链高度折叠形成的一个核区，没有核膜，核质裸露，与细胞质没有明显界线，叫拟核或似核。原核微生物没有细胞器，只有由细胞质膜内陷形成的不规则的泡沫结构体系，如间体和光合作用层片及其他内折。也不进行有丝分裂。原核微生物形状细短，结构简单，多以二分裂方式进行繁殖的原核生物，是在自然界分布最广、个体数量最多的有机体，也是大自然物质循环的主要参与者。

基本小知识

细胞核

细胞核（Nucleus）是真核细胞中最大、最重要的细胞器（初中老教材认为细胞核不是细胞器，大学细胞生物学则认为是细胞器，这里以大学教材为准），它主要是由核膜、染色质、核仁、核基质等组成的。

有“心脏”的微生物

微生物界既然有不具有“心脏”的微生物，自然也就有具有“心脏”的微生物，这类有“心脏”的微生物被科学家称为真核微生物。他们认为，一切细胞生物都是同源的。具有细胞结构的微生物，不论是原核微生物，还是真核微生物，也不论是简单的单细胞微生物，还是形态结构较复杂的多细胞微生物，它们在物质组成成分、遗传变异、物质代谢和生长繁殖方面的共同性是主要的。但生物是发展的、进化的，漫长的生物进化过程造成了生物的多样性和生物之间的差异。所以，真核微生物比原核微生物要进化得多一些，它具备了核膜包被的细胞核，也具有核仁，其遗传物质为多条染色体，DNA 与组蛋白也结合

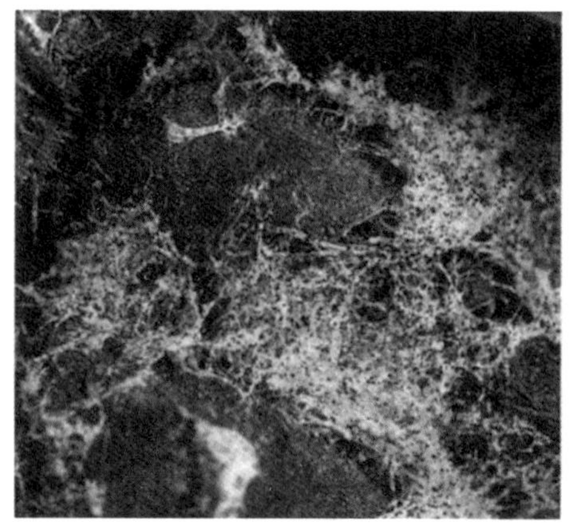

真核微生物

起来，更加有效地繁衍后代。真核微生物的繁殖主要通过有丝分裂方式进行。细胞中存在各种各样的细胞器，如液泡、溶酶体、微体、线粒体、叶绿体等，为物质运输、营养代谢提供了更为有效的途径，它们比原核生物要更为高等。真核微生物主要包括真菌、单细胞藻类和原生动物等。

基本小知识

真核微生物

凡是细胞核具有核膜，能进行有丝分裂，细胞质中存在线粒体或同时存在叶绿体等细胞器的微小生物，都被称为真核微生物。真核微生物有发育完好的细胞核，核内有核仁和染色质。有核膜将细胞核和细胞质分开，使两者有明显的界线。有高度分化的细胞器，如染色体、中心体、高尔基体、内质网、溶酶体和叶绿体等。真核微生物包括除蓝藻以外的藻类、酵母菌、霉菌、原生动物、微型后生动物等。

好热性细菌及其起源

生物可以生存的温度界限究竟是怎样的呢？美国微生物学家托马斯·布罗克曾对各类生物可以生长繁殖的温度上限作了归纳。虽然有记录说明动物中的鱼类、软体动物、节肢动物和昆虫等能在高温环境下生存，但布罗克把这些生物可以生存的温度上限定在50℃以下。可是细菌生长温度的范围更广。20世纪60年代，布罗克穿越美国黄石公园时，发现在公园90℃左右的温泉中，细菌的某些种类还能够生长繁殖，这就是好热性细菌。为什么好热性细菌能够抵挡住高温呢？原来它们的DNA链上的碱基不同于其他生物，由DNA

所产生的蛋白质和核酸具有不同的氨基酸成分，使这种细菌的抗热性能大大增强。

对于好热性细菌的起源问题，不同学者有着不同的看法，最离奇的是有人认为好热菌是从高温的行星——金星飞来的生物。比较公认的见解是，好热菌是从好温菌逐渐或是通过飞跃适应环境演化而来的，但时至今日还没有一个确切的说法，还有待研究人员的进一步探究。

蓝细菌

蓝细菌原来被误认为与蓝绿藻是“一家人”，后来科学家们发现蓝细菌微生物的细胞核是原核的，即没有真正的细胞核，才把它同蓝绿藻区分开，另立了一个“门户”，改属原生生物界的光能细菌类而与真细菌并列，现称为蓝细菌。蓝细菌的形状分球状和丝状两种，球状的蓝细菌是单个的微生物，它具有两层细胞壁，在细胞壁的外面常包围有一层或多层的黏质层，外形与细菌的荚膜或鞘相似。而丝状的蓝细菌是由许多个单个细胞串联在一起形成的，每个细胞彼此之间有孔道互相连通，形成一个整体。

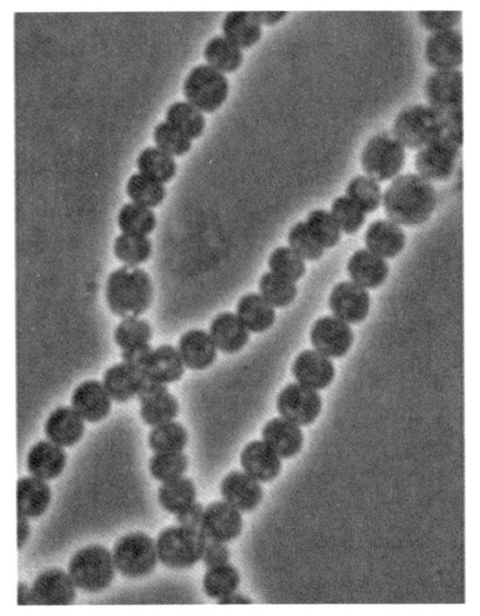

蓝细菌

蓝细菌在地球上分布极广，从两极到赤道均有它的身影，但它的行动却并不快，均是滑行运动，而且体外没有如细菌鞭毛样的运动器官。由此看来，蓝细菌的存在已很久远了。蓝细菌是光合自养菌，能利用光能自行合成养料，并且能耐受极端的环境条件，例如，在干旱的沙漠地区，单细胞的蓝细菌能在岩石层下的缝隙内，利用少量湿气和日光生活。对于蓝细菌的生殖，人们现在只知道它还处在无性繁殖阶段，还没发现有性生殖。它们的繁殖，是典型的由一个母细胞分裂成两个子细胞，比较简单。人们对蓝细菌的研究还不是很深入，有许多问题还有待后人来解决。

你知道吗

·有性生殖·

有性生殖是通过生殖细胞结合的生殖方式。通常生物的生活周期中包括二倍体时期与单倍体时期的交替。二倍体细胞借减数分裂产生单倍体细胞（雌雄配子或卵和精子）；单倍体细胞通过受精（核融合）形成新的二倍体细胞。这种有配子融合过程的有性生殖称为融合生殖。某些生物的配子可不经融合而单独发育为新个体，称单性生殖。

放线菌

放线菌在自然界的分布极为广泛，主要以孢子或菌丝状态存在于土壤、空气和水中。由于最初发现的放线菌的菌落呈辐射状，因而得名放线菌。放线菌的菌体为单细胞，其结构与细菌基本相似。大部分真放线菌菌丝由分支的菌丝组成。菌丝分两种形态，一种为匍匐生的基内菌丝，基内菌丝发育到一定阶段后，向空间生长伸出另一种菌丝——气生菌丝。气生菌丝叠生在营养菌丝上面，它可能

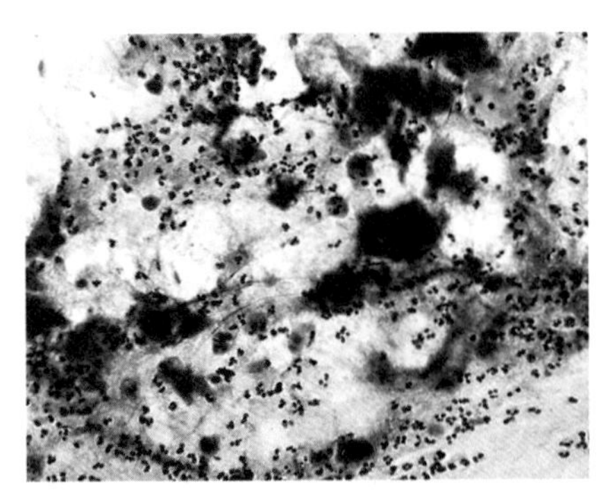
放线菌

满盖整个菌落表面，呈棉絮状、粉状或颗粒状。除少数种类外绝大多数的放线菌都是异养菌，需要依靠外界的营养物质来生活。但它们的食性颇为不同，有的喜欢吃简单的化合物，还有的喜欢啃硬骨头，以纤维素和甲壳质为食。现在对放线菌的研究很多，它的重要经济价值就在于放线菌能产生各种抗生素。此外，放线菌还可用于烃类发酵、石油脱蜡和污水处理等方面。少数放线菌也会对人类构成危害，引起人和动植物病害。

立克次体

立克次体这一名字是为了纪念一位名叫立克次的医生，是他在 1909 年研究洛基山斑疹伤害时首先发现了这种病原体。次年，他由于感染斑疹伤寒而死去。这种立克次体是介于细菌与病毒之间的专性细胞内寄生的原核型微生物。它具有与一般细菌类似的形态、结构和繁殖

拓展阅读

·立克次体·

立克次体（Rickettsia）是一类专性寄生于真核细胞内的 G－原核生物，是介于细菌与病毒之间，而接近于细菌的一类原核生物。一般呈球状或杆状，是专性细胞内寄生物，主要寄生于节肢动物，有的会通过跳蚤、虱子、蜱虫、螨虫传入人体，引起斑疹伤寒、战壕热等疾病。

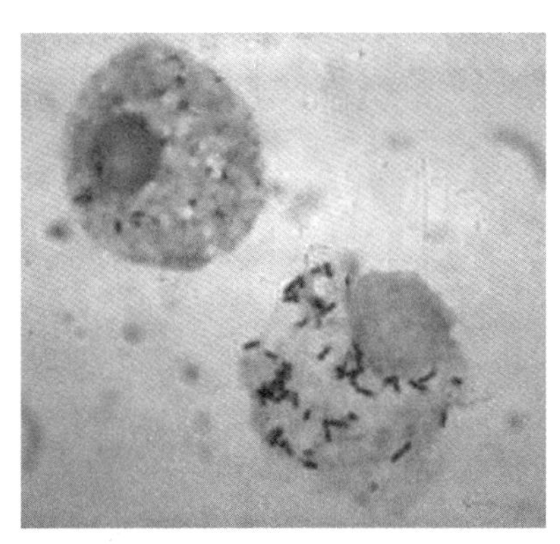

立克次体

方式，又具有与病毒类似的在活细胞内寄生生长的特性。立克次体能侵染人体，诱发疾病，它们一般经携带立克次体的节肢动物叮咬或其粪便污染伤口而感染人。立克次体侵入人体后，常在小血管的内皮系统中繁殖，引起细胞肿胀、增生、坏死、循环障碍及血栓形成，并且立克次体具有毒性物质，能引起红细胞溶解，甚至弥散性血管内凝血，导致休克而死亡。对于立克次体目前尚无理想的用于预防接种的疫苗，所以对于立克次体防治的根本措施是搞好环境卫生，防止节肢动物的叮咬，对于患者可用氯霉素或广谱抗生素来治疗。

支原体

支原体，也称类菌质体，是目前已知的即使离开活细胞也可以独立生长、繁殖的最简单的生命形式和最小的细胞型生物。支原体的外形呈高度的多态性，基本形状为球形和丝状。此外还有环状、星状、螺旋状等不规则形状。与其他细菌不

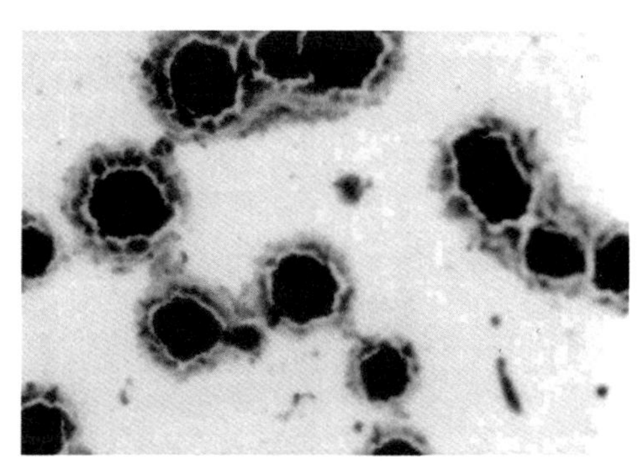

支原体

同，支原体没有细胞壁，只有细胞膜，在人工培养基上生长形成一种“油煎蛋状”的菌落，中间呈淡黄色或棕黄色，边缘通常呈乳白色或无色，好像一个煎熟的鸡蛋。支原体广泛分布在土壤、污水、动植物及人体中，多为腐生菌或共生菌，只有少数为致病菌。现在仅肯定肺炎支原体是人类原发性非典型肺炎的病原体，人类经肺炎支原体感染后，血清中可出现具有保护性的表面抗原体，还有可供诊断用的非特异性冷凝集素和 MG 株链球菌凝集素。经研究发现，支原体对热及抗生素敏感，所以在医疗中多用四环素、红霉素等抗生素来治疗支原体导致的疾病，疗效颇好。

基本小知识

支原体

支原体（Mycoplasma）是目前所能发现的能在无生命培基中生长繁殖的最小的微生物。支原体体形多样，基本为球形，亦可呈球杆状或丝状，其菌落呈针尖大小，故又称为微小支原体。支原体的特点是无细胞壁及前体，细胞器极少。支原体主要以二分裂方式繁殖，形态多样。由于它没有细胞壁，因此对影响细胞壁合成的抗生素，如青霉素等不敏感，但红霉素、四环素、卡那霉素、链霉素、氯霉素等作用于核蛋白体的抗生素，可抑制或影响支原体的蛋白质合成，有杀伤支原体作用，支原体对热抵抗力差，通常经 15 分钟 55℃ 热处理可使之灭活。石碳酸、来苏尔易将其杀死。在培养基中置入脲素并以硫酸锰作指示剂极易与其他支原体作出鉴别。

衣原体

衣原体是一种比立克次体稍小的专性细胞内寄生的原核微生物。衣原体仅能在脊椎动物细胞质内繁殖，多呈圆形或椭圆形，没有运动能力。衣原体有自己独立的生活周期。衣原体分原体和始体两种形态。原体是一种圆形的小细胞，直径仅为0.3微米，具有极高的感染性，它可以进入寄主的细胞中形成一个空泡，把原体包围起来，原体逐渐长大成为始体，始体不断分裂，直到空泡中充满新的原体后，当寄主细胞破裂时，空泡也随之破裂，去侵蚀其他的细胞，这就是衣原体的致病原因。衣原体可直接侵入鸟类、哺乳动物和人类身体之中。衣原体中的沙眼衣原体是人类沙眼疾病的病原体，能引起结

> **拓展阅读**
>
> **·抗生素·**
>
> 抗生素（Antibiotic）是指由微生物（包括细菌、真菌、放线菌属）或高等动植物在生活过程中所产生的具有抗病原体或其他活性的一类次级代谢产物，能干扰其他生活细胞发育功能的化学物质。临床常用的抗生素有微生物培养液中提取物以及用化学方法合成或半合成的化合物。目前已知天然抗生素不下万种。

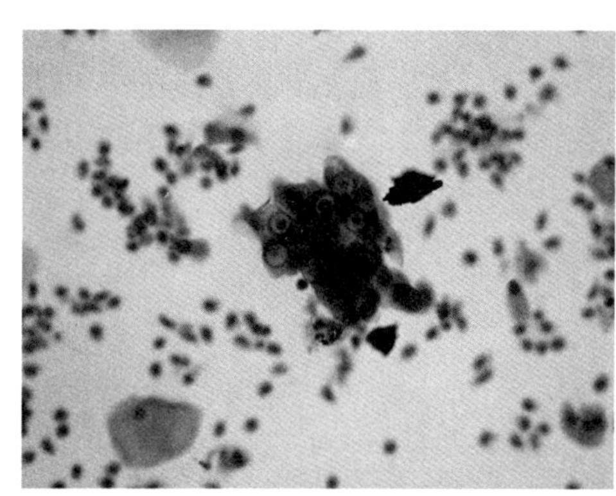

衣原体病菌

膜炎和角膜炎，是致盲的主要因素之一。鹦鹉热衣原体还可侵入鸟类的肠道引起鸟、禽的腹泻或隐性感染，人类如接触病鸟，衣原体也会由呼吸道侵入而引起感染。临床发现：衣原体对四环素、氯霉素和红霉素及乙醇、酚等化学药物都很敏感，所以临床上多用四环素类抗生素来治疗衣原体疾病。

基本小知识

衣原体

衣原体为革兰氏阴性病原体，在自然界中传播很广泛。它没有合成高能化合物 ATP、GTP 的能力，必须由宿主细胞提供，因而成为能量寄生物，有细胞壁，一般寄生在动物细胞内。从前它们被划归为病毒，后来发现自成一类。它是一种比病毒大、比细菌小的原核微生物，呈球形，直径只有 0.3 ~ 0.5 微米，它无运动能力。衣原体广泛寄生于哺乳动物及鸟类，仅少数有致病性。

肺炎双球菌

肺炎现在已不再是什么不可治疗的顽症了，然而在旧中国，穷人得了肺炎就像是接到了死神的邀请信一样。是什么让肺炎这么厉害？它就是肺炎双球菌。如果把肺炎病人的痰注入小白鼠的体内，24 小时内小白鼠就会死去。后来研究发现，肺炎双球菌有两种类型：一是 R 型，不会使人得病；二是 S 型，会使人得病。将 S 型菌用加热方法杀死后注入到小白鼠体内，小白鼠是不会生病的。但如果将杀死了的 S 型菌和活的 R 型菌混合起来，一起注入到小白鼠体内时，意外出现了——小白鼠死了。被杀死的 S 型菌“阴魂”不散，借用

R 型菌的躯体又复活了。这种“借尸还魂”，科学上称为“转化”。科学家们推测，一定是某种物质进入到活的 R 型菌中去变 R 型为 S 型了。后经实验证实，这种神奇的物质是 S 型肺炎双球菌的脱氧核糖核酸（DNA），将 S 型肺炎双球菌的 DNA 与 R 型肺炎双球菌混合培养在一起，结果 R 型菌均转化为 S 型菌，并遗传给了它们的后代。后来，这一现象在其他细菌中进行试验，也均获得了成功，这从另一个侧面也证明了遗传的物质确实是 DNA。

酵母菌

酵母菌是指一切能把糖或其他碳水化合物发酵而转化为酒精和二氧化碳的微生物。这是一个统称，并没有分类学上的价值。我们日常最常见的酵母菌就是家中用来发面做馒头的所谓的“酵头”。如果你把少许酵头搅和在清水中，然后在显微镜下观察，你就会看到许多圆形的细胞，这些细胞就是酵母菌。酵母菌都是由 1 个细胞构成的，虽然也有几个或几十个连成一条线的，但它们彼此之间并不发生联系，仍然是各顾各的。我们把连成一条线的酵母菌称为假丝酵母。当条件合适时，酵母菌就开始为传宗接代做准备了。它们有两种方式来完成繁殖：一是芽殖，不断在酵母菌细胞的一端，生出一个小细胞，细胞核也

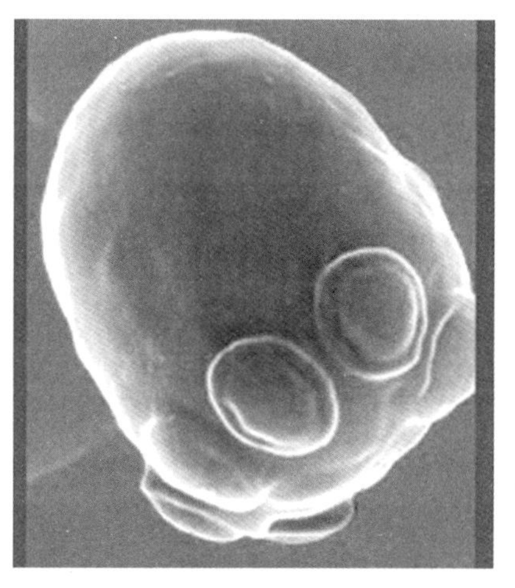

酵母菌

分裂出一份，进入到小细胞中，长到一定程度时，小细胞就脱离母体而独立生活了；二是裂殖，就是酵母菌的核一分为二，同时细胞膜也从中间向内凹陷，最终一分为二，形成两个独立的细胞。酵母菌在人们的生活中起着重要的作用，它被用来酿酒、做面包、做馒头等，是人们不可缺少的好帮手。

基本小知识

酵母菌

酵母菌是人类文明史中被应用得最早的微生物，可在缺氧环境中生存。目前已知有1 000多种酵母菌，根据其产生孢子（子囊孢子和担孢子）的能力，可将酵母分成三类：形成孢子的株系属于子囊菌和担子菌；不形成孢子但主要通过出芽生殖来繁殖的称为不完全真菌，或者叫“假酵母”（类酵母）。目前已知大部分酵母被分类到子囊菌门。酵母菌在自然界分布广泛，主要生长在偏酸性的潮湿的含糖环境中，而在酿酒中，它也十分重要。

霉　菌

说“霉菌”大家可能不知道，但如果说“发霉”“长毛”了，有许多人可能就会恍然大悟了。在日常生活中我们常常会遇到这样一些事：吃剩的馒头、米饭、糕点以及长时间不用的皮包、衣服在它们的表面上常会长出一点点、一堆堆、一簇簇毛绒状的东西，并且发出一股浓浓的霉味。这就是霉菌，它们偷偷地潜伏在食品、衣服的表面上，刚开始时，颜色很淡，不易发现，但随着菌丝的不断生长，互相扭结、相互缠绕，颜色会逐渐加深，可以有黑、白、绿、

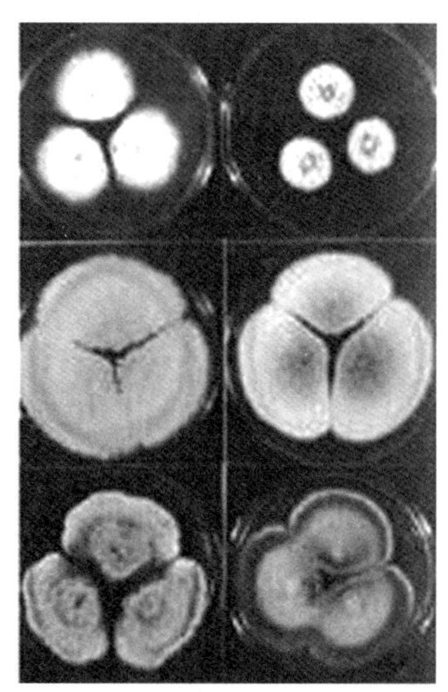

霉 菌

灰、棕土、黄等各种颜色。并且只要温度、湿度合适，霉菌就会大面积蔓延，造成极大的损失。1960 年，英格兰一家养殖场里的 10 多万只火鸡突然全部昏迷不醒，不到几天工夫就全部死去了。科学家们经过 1 年多的调查才发现原来是火鸡们吃了发霉的花生粉后才发病的。在发霉的花生粉中有一种霉菌——黄曲霉，它能产生黄曲霉毒素，是它们杀死了这些火鸡。但霉菌有过也有功，青霉产生的青霉素在二战中救活了无数的伤员；米曲霉和酱油曲霉可以给人们用来酿造酱和酱油；柠檬酸、抗生素的生产中也有霉菌的身影。只要妥善利用，霉菌也会成为人类的朋友。

拓展阅读

·黄曲霉·

黄曲霉，半知菌类，一种常见腐生真菌。多见于发霉的粮食、粮制品及其他霉腐的有机物上。菌落生长较快，结构疏松，表面灰绿色，背面无色或略呈褐色。菌体由许多复杂的分枝菌丝构成。营养菌丝具有分隔；气生菌丝的一部分形成长而粗糙的分生孢子梗，顶端产生烧瓶形或近球形顶囊，表面产生许多小梗（一般为双层），小梗上着生成串的表面粗糙的球形分生孢子。分生孢子梗、顶囊、小梗和分生孢子合成孢子头，可用于产生淀粉酶、蛋白酶和磷酸二酯酶等，也是酿造工业中的常见菌种。

青　霉

青霉菌

夏天，吃过的柑橘皮上常会长出一些绿色的毛绒绒的霉菌来，它们就是我们要认识的青霉的一种——橘青霉。对于青霉大家也许陌生，但是它的产品——青霉素，大家都听说过吧！自从英国细菌学家弗莱明发现青霉的抑菌作用以来，青霉素挽救了无数细菌感染病人的生命。我国民间也流行用橘皮泡水喝治感冒的作法。实际上，在空气中、土壤里、果实的表面上都附着多种青霉的孢子。青霉菌与酱霉、曲霉的关系都很接近，只是青霉菌的分生孢子梗与众不同而已，它不是在顶端形成一个球状体，而是连续地长出短分支，短分支再长出短分支，顶端分隔成一个个小的分生孢子。整个分生孢子梗就像一把扫帚一样，这也是青霉的一个重要特征。青霉菌对人既

基本小知识

青霉素

青霉素，又被称为青霉素 G、peillin G、盘尼西林等。青霉素是抗菌素的一种，是指从青霉菌培养液中提制的分子中含有青霉烷、能破坏细菌的细胞壁并在细菌细胞的繁殖期起杀菌作用的一类抗生素，是第一种能够治疗人类疾病的抗生素。

有益也有害，它会使我们的食品、衣物全部腐烂霉变，使农产品受到大的损失，而另一方面它又能产生青霉素、柠檬酸、葡萄糖酸等有机物，为人类治疗疾病，创造财富。

蝗虫霉

蝗虫灾害

如果你是一个善于观察大自然的人，那么你也许会注意到在生长茂密的水稻叶子上，有些蝗虫一动不动地停留在水稻叶子上僵死了，在蝗虫尸体的周围还会布满许多小白点。这些蝗虫就是被蝗虫霉所杀死的，那些小白点就是蝗虫霉的孢子囊。蝗虫霉是怎样杀死蝗虫的呢？原来，当蝗虫霉的孢子落在昆虫身上后，在温度和湿度适宜时，就发芽生长。孢子的发芽管穿过昆虫的表皮侵入体内，形成菌丝。菌丝到达血液后，产生一种很短的、成段的虫菌体，这些虫菌体随血液分布到昆虫的全身，不断侵害虫体的脂肪、肌肉和神经组织，于是虫体便逐渐涸竭死亡。染病的昆虫最初表现为极度萎靡不振，行动迟缓，临死前，它会爬到植物的顶端，紧抱植物的茎或叶而僵死。蝗虫霉对于消灭自然界的蝗虫起着很大的作用，其死亡率可达98%，是以菌治虫的一个好材料。

绿僵菌

农药的大量使用，严重危害着人们赖以生存的环境，而且随着害虫的抗药性不断增强，农药的效果越来越差。对各种害虫的生物防治工作已经迫在眉睫。在农业害虫的微生物防治措施中，白僵菌颇具盛名，而绿僵菌却很少有人知道。其实，绿僵菌可以说是微生物防治的“元老”。早在1879年，利用微生物消灭害虫的第一次实验就是利用绿僵菌感染金龟子幼虫的方法进行的。后来，由于没有掌握它们的生活规律，施用方法不当，防治害虫效果不稳定，应用一直受到限制。近年来，科学家对绿僵菌的深入研究取得了可喜的成果。研究表明，绿僵菌的菌丝体穿破害虫的表皮进入害虫体内，在血腔中生长，并且产生毒素，毒素刺激害虫组织变质，使害虫的细胞膜坏死，导致细胞脱水死亡。在外界环境适宜的条件下，长出绿色的分生孢子，以感染其他的害虫，周而复始，达到杀死大量农作物害虫的目的。开展绿僵菌的研究，对于农业害虫的生物防治具有重要意义。

拓展阅读

·绿僵菌·

绿僵菌是一种广谱的昆虫病原菌，在国外应用其防治害虫的面积超过了白僵菌。它是一类能够寄生于多种害虫的真菌，通过体表或取食作用进入害虫体内，在害虫体内不断繁殖，通过消耗营养、机械穿透、产生毒素，并不断在害虫种群中传播，使害虫致死。

细胞膜

细胞膜，又称细胞质膜，是细胞表面的一层薄膜，有时称为细胞外膜或原生质膜。细胞膜的化学组成基本相同，主要由脂类、蛋白质和糖类组成。

根瘤菌

根瘤菌

大家知道，氮元素是植物生长需要的元素之一。氮气是空气的主要成分之一，约占大气总量的78%左右（体积分数），但这些氮气都是以游离的氮分子形式存在的，植物无法吸收利用。这就需要根瘤菌的“帮助”了。如果你把花生、大豆之类的豆科作物连根拔起时，就会发现在它们的根部有许多的小疙瘩，这就是根瘤菌的“家”。可在实验室中无菌培养的豆科小苗上却没发现根瘤，原来根瘤菌有一种本领，只要遇到豆科植物的根，它们就能钻进去，一直到根毛的中央，刺激根部细胞的分裂，形成一个小瘤。它们就在这些小瘤中“生活”，把存在于土壤中游离的氮分子变成能被植物利用的氮的化合物。生物学上把这种作用称为固氮作用。根瘤菌的固氮本领相当高强。在我国，劳动人民很早就知道利用微生物固氮来提高土壤肥力，采用把瓜类和豆类农作物在同一块地里轮作的方法提高产量。大量施用化肥对土壤结构破坏极大，如能利用根瘤菌来进行生物固氮，将大大缓解这种状况，真正实现绿色农业。

疫　霉

真菌的种类繁多，“鱼龙混杂”，其中有对人类有益的，也有危害人类的。在 19 世纪的中期，马铃薯曾是欧洲和美洲东部居民的主要粮食，它的重要性就如同我们今天吃的大米一样。然而在 1845 至 1846 年间，爱尔兰的马铃薯发生了大面积的腐烂，不仅田间的植株发生腐烂，而且堆在窖中的马铃薯烂得更快，这场疫病使欧洲 5/6 的马铃薯被摧毁，近百万人直接或间接死亡，上百万人逃至北美。许多生物学家、植物学家、医生历时 10 年才证实这种病是由一种称作疫霉的菌物寄生所致，并且进一步证实马铃薯是在地里被传染上病菌的。疫霉首先感染叶片，使叶片上产生水渍的斑区，在上面产生霉状物，如果空气湿润，则病区一直扩展至叶柄和茎部，同时产生无数的游动孢子。它们被雨水冲刷到土中，沾染在地下的薯块上，继续危害下一年的马铃薯生产。现代农业已采用“马铃薯生长点脱毒技术”来消除马铃薯晚疫病，通过人工培养马铃薯幼苗，彻底切断疫霉的传染途径。

基本小知识

真　菌

真菌（Fungus）是一种真核生物。最常见的真菌是各类蕈类，另外真菌也包括霉菌和酵母。大多真菌原先被分入动物或植物，现在成为自己的界，分为四门。由真菌引起的疾病统称为真菌病。

白粉菌

患有白粉病的树叶

在夏末秋初的时候，在公园里常常会看到一些花木的叶片上有一层白粉，有时在白粉中还夹杂着一些小黄点或黑点。在温暖的温室中这种现象更为普遍，往往一发生就是满眼的雪白，这种病就叫作白粉病，而引起这种病的微生物就是子囊菌亚门白粉菌科的真菌。在生长季节中，白粉菌的分子孢子四处飘散，遇到合适的花木，它就定居下来，首先在植物的表面长出许多无色而有分隔的菌丝。白粉菌从这些菌丝上伸出一些侧枝，穿过表皮细胞，进入到表皮下层的细胞中。它们的顶端或者膨大，或者产生分支，用来吸取被寄生细胞的营养，科学家称之为吸胞。由于叶片缺少了必要的营养，导致叶片变黄或提早脱落。它们如果寄生在嫩梢上，嫩梢就会枯萎不能生长。我国许多农作物、绿化树种及果树容易受白粉菌的侵染。白粉菌还十分耐干旱，在干燥的地方也能生长发育，是农业的一大害菌。目前，主要使用各种硫制剂来消灭它们，如硫黄等。

长喙壳菌

甘薯，又称红苕，是我国重要的经济作物，产量很高。由于甘薯具有含糖高、含淀粉多等特点，工业上常用来作为淀粉、粉条和酿酒的原料。但甘薯在贮藏时却极易在表皮下产生圆形的“黑斑”，称为甘薯黑斑病。黑斑处的薯肉会变成灰绿色而且很苦，这是因为病斑处产生了许多有机物，其中的甘薯酮是有毒的，牛吃多了会患气喘病而死亡，这些都是由于长喙壳菌寄生引起的。长喙壳菌是子囊菌的一种，它的子囊壳像一个长颈烧瓶。它们在甘薯表面的黑斑中突出来，很像一个小黑刺。在子囊壳中有许多子囊孢子，当它们释放出来后，首先侵入到苗床上的种薯块长出的幼苗中，然后随着幼苗的长大把分生孢子传播到新结成的甘薯块上，并潜伏起来。当甘薯收获后，如果贮藏温度在9℃以上时，长喙壳菌的菌丝就开始穿透细胞，吸取营养。菌丝也由原来的无色逐渐变为深褐色至黑色，在甘薯表面形成“黑斑”。所以，预防甘薯黑斑应从育苗时做起，不要用带菌的甘薯育苗，贮藏时也要做到在9℃以下贮存，从根本上切断长喙壳菌的传播。

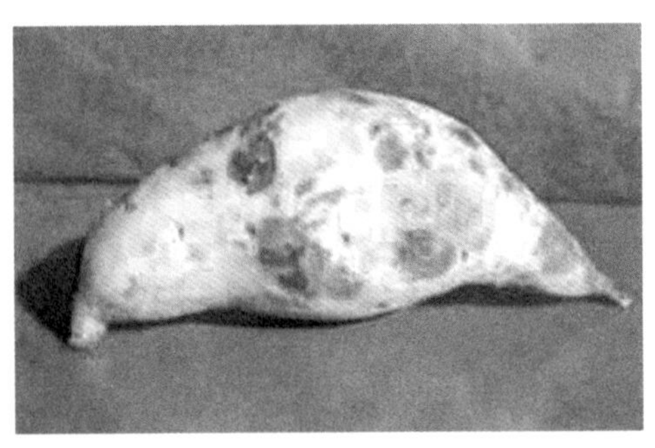

患有黑斑病的甘薯

酱曲霉

酱油和酱的制作在我国民间有着悠久的历史。制酱，在我国早期用的原料是煮熟的拌有蚕豆的面粉块。把这些材料放在温暖潮湿的环境中，让它自然发霉。等到全部长出黄绿色的霉层后，就加入盐水使它在太阳下面发酵，不断翻动并稍稍加水，一直等到全部成糊状、呈酱色时，就算发酵完成。这些“偷偷”帮忙的微生物就是酱曲霉和其他一些霉菌的混合物。酱曲霉一般分布在土壤和空气中，只要接触到合适的材料，就立即附着在上面，生长发育。酱曲霉是由许多有分隔的菌丝构成，而且有树枝状的分支，在每一个分隔开的细胞中都有许多的细胞核。有时我们还会在显微镜下看到一个顶端膨大成圆球状的侧枝，这就是酱曲霉的繁殖器官——分生孢子梗，在它上面往往长着一串串的分生孢子。虽然酱曲霉对人类有益，但它家族中的一些成员，如黄曲霉的一个菌株即会对人畜产生有毒的黄曲霉毒素。因此，如果自制酱或酱油时一定要小心，确认无毒后方可食用。当然，我们日常食用的酱和酱油是没有毒的。

霍乱弧菌

霍乱弧菌发病时间为 4 小时至 3 天，病人大多会有剧烈的腹泻和急剧的呕吐，造成体内水分的大量流失，最终由于失去了大量水分和水中的电解质脱水而死。霍乱属于烈性肠道传染病，在生水中可生存 8～35 天，在海水中存活的时间更长。早年由于居民把含有大量霍乱弧菌的河水作为生活用水而引发的霍乱大流行的事例比比皆是。但霍乱弧菌对于热和一般的消毒剂十分敏感，水只要煮沸就可使它死亡，

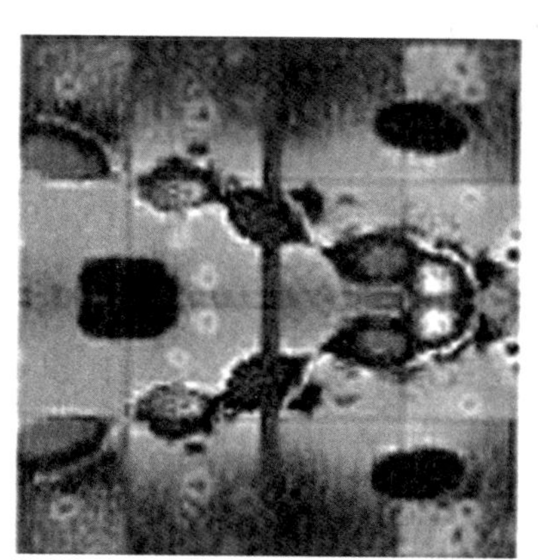

霍乱弧菌

2% 的漂白粉、3% 的苯酚只要 5 ~ 10 分钟便可将其杀死。所以，食物一定要充分煮熟后再食用，饮水也要烧开后再饮用，防止病从口入。

蛭弧菌

1962 年，德国科学家斯督普在一次实验中，发现了一种极小的弧形细菌，它像蚂蟥吸人血那样，附着在细胞表面，拼命地吮吸着。他把这个“吸血鬼”称为蛭弧菌。蛭弧菌广泛分布在自然界中。它的个子比一般细菌都小，在它的细胞一端，拖着一条较粗的鞭毛，这是它游泳用的“桨”。当它遇到合适的宿主细胞时，就迅速向宿主冲去，一头栽到宿主的细胞壁上，然后像钻头那样，在宿主表面快速旋转。同时它会分泌几种酶，去消化宿主的细胞壁。5 ~ 15 分钟以后，宿主就被“钻”出一个小窟窿。这时，蛭弧菌就收缩身子，一头钻了进去，在宿主细胞壁的小孔上定居下来，吸取和消化宿主的“血肉”来养肥自己。要不了多久，蛭弧菌就伸长成螺旋状，并分裂成许多小段。待宿主细胞壁被进一步消化溶解后，这些小段便一齐破

基本小知识

蛭弧菌

蛭弧菌是寄生于其他细菌（也可无寄主而生存）并能导致其裂解的一类细菌。它虽然比通常的细菌小，能通过细菌滤器，有类似噬菌体的作用，但它不是病毒，确确实实是一类能“吃掉”细菌的细菌。1962 年首次发现于菜豆叶烧病假单胞菌体中，随后人们从土壤、污水中都分离到了这种细菌。

壁而出，开始新的生活。蛭弧菌的这一特点，引起了科学家的强烈兴趣，有人用这种"吸血鬼"来对付水稻白枯叶病菌和大豆疫病菌，取得了可喜的进展。蛭弧菌将在防治人类疾病，确保家畜和农作物健康生长方面大显神威。

幽门螺旋菌

·幽门螺旋菌·

幽门螺旋菌（Helicobacter pylori，简称 Hp）首先由巴里·马歇尔和罗宾·沃伦二人发现，二人因此获得 2005 年的诺贝尔生理学或医学奖。幽门螺旋菌是一种单极、多鞭毛、末端钝圆、螺旋形弯曲的细菌，长 2.5 ~ 4 微米，宽 0.5 ~ 1 微米。

我们知道人的胃有两个开口，上接食道，称为贲门，下接小肠，称为幽门。在幽门处我们往往会看到一种致病菌——幽门螺旋菌。这种病菌感染是常见的慢性感染之一。据统计，我国的一般人群幽门螺旋菌感染率为30% ~ 60%；胃、十二指肠疾病患者中，有70% ~ 95% 的高感染率。被幽门螺旋菌感染后，极大多数表现为慢性炎症，即常说的慢性胃炎。其中有约十分之一的患者可发生消化性溃疡，如胃溃疡、十二指肠溃疡。甚至有些患者在其他因素的共同作用下可以发展为胃癌。由此看来，幽门螺旋菌感染是慢性胃炎的主要致病因子，并且与胃癌的发生有一定的关系。

乳酸菌

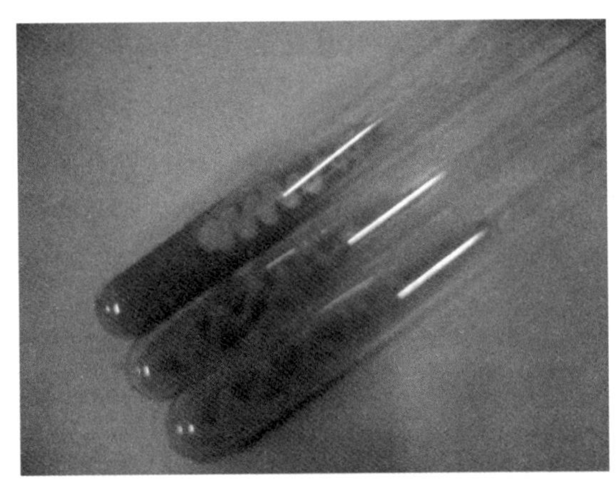
培养基内的乳酸菌

中国经济在不断进步，带动人们的生活水平一年一个新台阶。人们已从讲究吃饱吃好逐步发展到讲求营养结构，健身防衰老的新层次。发酵食品以其独特的风味、全面的营养结构、易消化等特点，逐渐被老百姓们所接受。这些全都应归功于乳酸菌的发现。乳酸菌是一群能发酵碳水化合物(主要指葡萄糖)，且主要产物为乳酸的细菌的通称。所以从分类学角度而言，“乳酸菌”是一种不合规范的称呼。然而这类细菌在自然界中的分布极为广泛，并且在工业、农业、医学等与人们生活息息相关的领域中具有广泛的应用价值，受到人们的重视。尤其在食品行业中的应用前景极为广阔，经过乳酸菌发酵的食品，提高了酸度，增加了独特的风味，可产生多种氨基酸、维生素和酶，使食品的营养结构得到改善，提高了营养价值。酸度的升高使食品的保存期延长了，有助于防止食品的腐坏，并且还可产生某些生物活性物质，能增强人体免疫力，具有较高的医疗价值。

黏　菌

> **拓展阅读**
>
> **·黏　菌·**
>
> 黏菌是一群类似霉菌的生物，会形成具有细胞壁的孢子，但是生活史中没有菌丝的出现，而有一段黏黏的时期，因此而得名。这段黏黏的时期是黏菌的营养生长期，细胞不具细胞壁，如同变形虫一样的，可任意改变体形，故又称为“变形菌”。

在20世纪50年代的美国曾出现过一次大恐慌：在人们的房前屋后，街道寓所周围均出现了一团团，各种颜色，并且能缓慢移动的胶状物体。最初人们以为是“外星人”入侵地球，人人自危，纷纷逃离。然而后来的研究表明，这完全是一场虚惊，这些“天外来客”不过是一团团的黏菌罢了。由于当时该地的气候十分温和，并且出现了一场长达半月之久的阴湿天气，给黏菌的生长创造了一个大的培养皿，让人们大吃一惊。其实很早以来，菌物学者就已经注意这种生物的存在了，觉得它们的行为和性能比较像低等的原生动物，但又具有微生物的一些特性，它们依靠各种细菌或一些真菌的孢子为食。我们在自然界看到的黏菌多为黏菌的子实体。它们的形态各异，色泽多样。有绿、橙、红、褐和蓝，但多为黄色和白色。它

黏　菌

们附着在各种植物表面上，造成污染或遮蔽阳光而对高等植物的生长发育和观赏价值造成损害。近年来，随着对黏菌研究的深入，发现黏菌还是生物工程，尤其是遗传工程良好的基础研究材料。

菌藻的结合体——地衣

学过化学的人都知道有一种用来测量酸碱的试剂——石蕊试液。它是从一种叫作石蕊的地衣体内提取出来的。那么什么是地衣呢？在古老的树木上和暴露在地面的岩石上常可以看到许多形态各式各样的附着物，有的紧紧地贴在上面，有的则以假根附着在岩石上，伸出直立的分支。

地　衣

这些生物既不完全是植物，也不完全是动物，而是微生物和藻类的混合体，它们就是地衣。如果用人工的方法把它们俩分开的话，则多数不能存活，即使有少数能够在培养基上存活，也不再出现两者共同生活时的形态和功能。由此看来，两者的关系是密不可分的。地衣中的藻类具有叶绿素，能进行光合作用，给菌类提供碳水化合物，而菌类能分泌出各种藻类没有的物质，如糖醇等，供藻类生长，两者是一种互惠互利的关系。地衣的应用十分广泛，可用作纺织业的染料剂，也可用作治病的草药，有些国家还直接将地衣作为食物来食用。地衣是一种用途十分广泛的生物，应多加保护，合理利用。

地　衣

地衣（Lichen）是真菌和光合生物之间稳定而又互利的联合体，真菌是主要成员。另一种定义把地衣看作是一类专化性的特殊真菌，在菌丝的包围下，与以水为还原剂的低等光合生物共生，并不同程度地形成多种特殊的原始生物体。传统定义把地衣看作是真菌与藻类共生的特殊低等植物。1867年，德国植物学家施文德纳作出了地衣是由两种截然不同的生物共生的结论。在这以前，地衣一直被误认为是一类特殊而单一的绿色植物。

噬菌体

噬菌体

细菌，看不见摸不着，地球上的生物无论是庞大的鲸鱼、大象，还是毒蛇猛兽，均无法对它造成伤害，然而这小小的细菌却并不肯与你和平相处，总是伺机捣乱。一旦让它们“得逞”，轻者叫苦连天，卧床不起，重者往往性命不保。

然而强中自有强中手，在微生物世界里，有一种更厉害的超小微生物，它们专门寄生在细菌内并溶解细菌，名字叫“噬菌体”。噬菌体的个子很小，大约是细菌的1/1 000～1/100，所以它们能够侵入到细菌的内部，像孙悟空钻进铁扇公主的肚子一样，把细菌闹得天翻地覆。那么噬菌体是怎样吞噬掉细菌的呢？原来，当噬菌体碰到合适的细菌后，就毫不客气地用它的尾部牢牢吸附在菌体的外壁上，尾端的 6 根尾丝，会像钢索一样分散开来，紧紧吸附在细菌的外壁上，接着分泌出一种酶，在细菌的细胞壁上溶解出一个小孔，将头部里面的核酸注入菌体里面。注入的核酸会极快地在细菌体内复制，繁殖起来，直到充满整个细菌体。随着细菌的破裂，新的噬菌体又散发出去，寻找新的宿主细菌。噬菌体在自然界分布极广，但不用担心，因为它们只寄生在细菌和其他的原生生物，对人和高等动植物没有什么影响。

拓展阅读

·核　酸·

核酸是生物大分子的一类，由许多（至少几十）个核苷酸通过二酯键连接而成。存在于所有植物细胞、微生物和病毒、噬菌体内，是生命的最基本物质之一，对生物的生长、遗传、变异等现象都起着决定作用。根据所含成分，核酸可分为核糖核酸（RNA）和脱氧核糖核酸（DNA）两类。

头孢菌

20 世纪，科学工作者研究出一种新的抗生素——头孢菌素。它与青霉素一样，也是由霉菌类之一的头孢菌所产生的抗生素，所以称它为头孢菌素。它有更强的抑菌作用，能够消灭更多种类的致病菌，属于广谱性的抗生素。在临床应用中，它对大部分革兰阳性细菌和一些革兰阴性细菌均有抗菌性能，如它对肺炎、肝炎、化脓、胃炎等一系列由细菌引起的严重疾病，均能获得满意的医疗效果。

特别对青霉素和其他抗生素有抗药性的病菌，也显示出其优越的杀菌效果。这种新抗生素一般不会产生过敏反应，十分安全，令人放心。据报道，在头孢菌中不仅找到了广谱抗生菌的菌种，如抗绿脓杆菌、抗结核杆菌的新品种，而且还发现了抗真菌、抗原虫、抗病毒和驱除寄生虫等具有奇妙作用的新品种。

广角镜

·头孢菌素·

头孢菌素，又称先锋霉素，是一类广谱半合成抗生素，第一个头孢菌素在20世纪60年代问世，目前上市品种已达六十余种。产量占世界上抗生素产量的60%以上。头孢菌素与青霉素相比具有抗菌谱较广，耐青霉素酶，疗效好、毒性低，过敏反应少等优点，在抗感染治疗中占有十分重要的地位。头孢菌素已从第一代发展到第五代，其抗菌范围和抗菌活性也不断扩大和增强。

嗜盐菌

随着人们生活水平的不断提高，吃海鲜已并不是什么稀罕事了。但在吃海鲜时，尤其是海产的鱼和虾，有时会引起食物中毒。以前人们大多认为是由于海鲜存放的时间过久，不新鲜，致病菌污染的结果。但明明是新鲜的海鲜为什么也会中毒呢？原来在新鲜的海鲜上有一种特殊细菌——细菌中的怪物——嗜盐菌。之所以给它

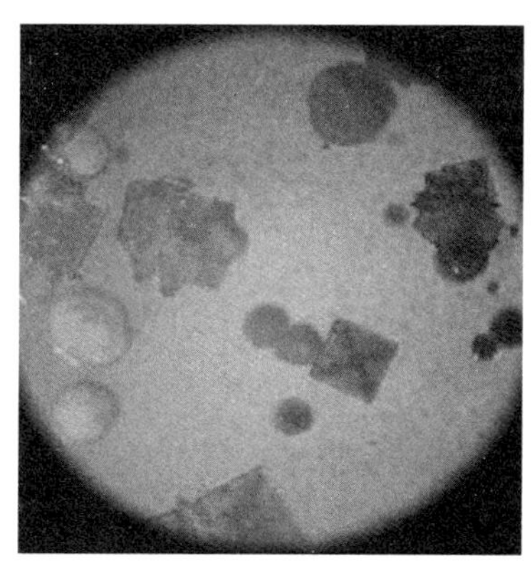

嗜盐菌

取了这么一个怪名字，是因为它特别“喜爱”盐。普通微生物只能生活在百分之一以下的食盐培养液中，而嗜盐菌一定要在3%～4%的食盐培养液中才能生活，并且嗜盐菌的最适生长温度为33℃～37℃，与人体的体温十分吻合，所以一旦它有机会窜入人体，就会在肠内迅速繁殖，结果人就得急性肠炎了。嗜盐菌还不怕冷。科学家做过这样一个实验：在－20℃的温度下，将嗜盐菌放在含有蛋白胨的水中保存，11个星期后，它仍生活得很好。有人还在冰冻冷藏了好几个月的鱼虾上发现了它的身影。但它很怕热，只要遇到56℃以上的温度，5分钟后就会死亡。所以，在吃海鲜时一定要充分煮熟后再食用，这样，嗜盐菌本领再大也无法施展了。

基本小知识

急性肠炎

急性肠炎是由细菌及病毒等微生物感染所引起的人体疾病，是常见病、多发病。其表现症状主要为腹痛、腹泻、恶心、呕吐、发热等，严重者可致脱水、电解质紊乱、休克等。临床上与急性胃炎同时发病者，又称为急性胃肠炎。本病多发于夏秋季节。

细菌大夫

一提到细菌，人们往往会马上联想到各种疾病，如肺炎、伤口发炎、肝炎、感冒、发烧等，但是并不是所有的细菌都危害人类，使人得病，相反还有一些“好”细菌，它们会帮助医生给人治病，这就是——细菌大夫。细菌大夫的功劳可不小，一直以来，人体的

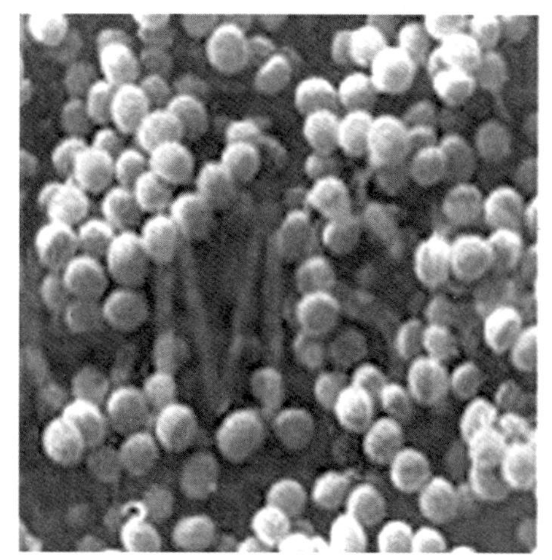
白细胞细菌

排异现象在医学上是一大难题，常使皮肤和各种器官的移植功亏一篑。细菌大夫的到来使情况大有改观，科学家们在霍乱菌的分泌物中发现了一种能抑制人体排异反应的蛋白质，只要在手术的前一天，给病人注射这种蛋白质，手术后病人的排异反应就会减轻甚至不再发生了。白细胞细菌是另一位优秀的大夫，它们能分泌出毒素来杀死动物体内的白血病细胞，从而治愈白血病。并且这种毒素对于人体内的白血病细胞及肺癌、子宫癌细胞均有较强的杀伤作用。细菌大夫的发现使人类治疗各种疾病的道路又多了一条，随着各位细菌大夫的相继被发现，并应用于医疗中，人类的各种顽症均有望彻底根除。

耐高温的细菌

通常，细菌在30℃ ~37℃的环境中是非常活跃的。当温度超过50℃时，细菌就会变得死气沉沉的。如果把它们放在100℃的沸水中，要不了多久，这些微生物就会全军覆没。所以，人们常常用100℃的高温来杀菌消毒。但有一些细菌与众不同，它们一点也不怕高温。在美国黄石公园的温泉中，生活着一种芽孢杆菌，能耐90℃左右的高温，另一种芽孢杆菌，在108℃的高温下仍安然无恙。最令人惊讶的是，人们在一处火山口附近发现一种能耐 300℃ 高温的细菌。为什么这些细菌不怕高温呢？原来耐高温细菌的蛋白质的成分和结构与普通的细菌不一样。当环境温度超过 100℃ 时，这些蛋白质会采取一种神奇的对策：使蛋白质的结构发生变化，形成一种保护性外壳。由这样的蛋白质组成的细胞膜，就像一层“隔热墙”把高温拒之门外，使细胞内的正常生命活动不受影响。对于耐高温细菌的起源，多数科学家认为，它们是从普通细菌中分化出来的。在高温环境下，经过许多代的适应和变化，逐渐有了抗高温的本领。

发光细菌

你听说过细菌能发光吗？你见到过细菌发光吗？说到发光细菌，还有一个有趣的故事。19 世纪初，西太平洋的巴布亚岛上，当时该岛正被荷兰殖民者所占领。在一个黑漆漆伸手不见五指的夜晚，一名巡逻的荷兰哨兵发现，海洋中有无数的亮点飞速地向海滩扑来，哨兵急忙跑去查看，奇怪的是当他走到海边时，亮点一下子全部消失了，而他的身后却留下了一长串闪亮的脚印。哨兵以为这是魔鬼留下的脚印，吓得狂奔乱跳起来，闪光的脚印也一直跟随而至……这

·发光细菌·

发光细菌是指进行生物发光的细菌。多数为海生，与发光浮游生物同是引起海面发光的原因。此外，在空气中，死鱼及水产加工食品的表面于暗处也会发光，这种发光现象是海生菌第二次生长繁殖的结果。用加有 3% 氯化钠、1% 甘油的普通肉汁蛋白胨培养基可以培养。

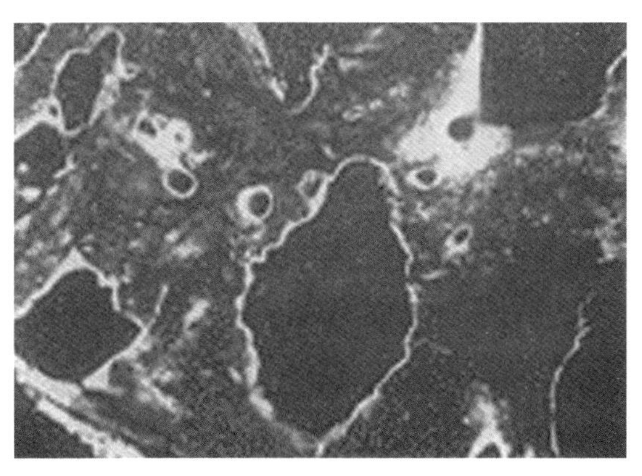

▲ 荧光素

其实是发光细菌同他开的一个小小的玩笑。现在已经知道海洋中有100多种发光细菌，在发光细菌体内含有一种叫荧光素的物质，它在荧光酶的催化下与空气中的氧结合发出闪闪的亮光。虽然一个细菌发出的光是很微弱的，但是几十万亿个发光细菌发出的光，足以抵得上一支燃烧的蜡烛，尤其在漆黑的夜晚这种现象更加明显。科学家们研究发现，发光细菌在某些化学物质的激发下，发出的光的强度会发生改变。现在它们已在海关和刑事侦察中担任探查各种毒品和走私犯罪的重要任务。

基本小知识

荧光素

荧光素是具有光致荧光特性的染料，荧光染料种类很多。目前常用于标记抗体的荧光素有以下几种：异硫氰酸荧光素、四乙基罗丹明、四甲基异硫氰酸罗丹明、酶作用后产生荧光的物质。

什么是真菌

夏末秋初的雨后，在田野草丛中，常可以看到一簇簇各种颜色的蘑菇。人们饭桌上的木耳、滑菇，市场上卖的平菇、香菇，号称能使人“长生不老”的灵芝仙草，这些都是真菌家族的成员。在日常生活中，真菌和人们的关系更加密切，吃的酱油、腐乳，穿的花布、丝绸，都有真菌的功劳。真菌还能把淀粉变成葡萄糖、柠檬酸、乙醇等许多重要的工业原料。既然真菌与人类关系如此密切，那么它究竟是一类什么样的生物呢？简单地说，真菌是具有真正细胞核的，能产生孢子的，并以吸收方式得到营养的有机体。它们一般能进行有性和无性繁殖，营养体常呈分支状，具有甲壳质或纤维质的细胞壁。不过，在真菌中也有“坏人”，在通风不良而又潮湿的仓库里，东西会发霉，水果会腐烂；铁路线上的枕木会因霉菌而报废。许多疾病也是由真菌引起的，最常见的脚气就是由于真菌寄生在人体的表皮而引起痒、痛等症状。真菌具有神奇的威力，同时又有巨大的破坏性，如何利用益菌、控制害菌是摆在人们面前的一项新任务，只有认识真菌、了解真菌，才能更好地利用它、改造它。

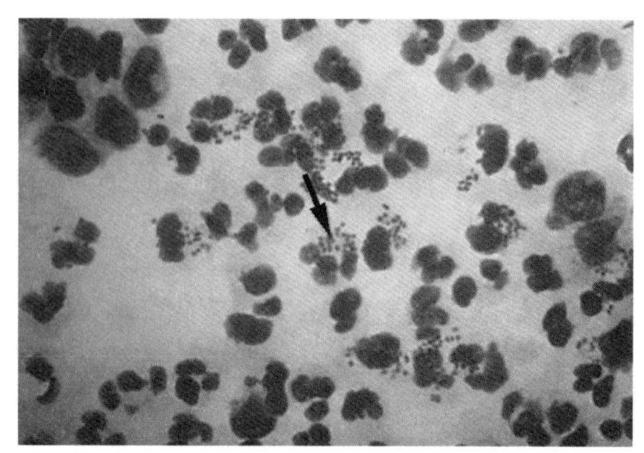

显微镜下的真菌

广角镜

·柠檬酸·

柠檬酸是一种重要的有机酸，又名枸橼酸，无色晶体，常含一分子结晶水，无臭，有很强的酸味，易溶于水。其钙盐在冷水中比在热水中易溶解，此性质常用来鉴定和分离柠檬酸。结晶时控制适宜的温度可获得无水柠檬酸。在工业、食品业、化妆业等领域具有广泛的用途。

真菌的营养体

虽然真菌用肉眼看不到，但是它的结构却是很复杂的，在真菌的一生中，有多种多样的形态特征。现在，我们来认识真菌的营养体，顾名思义，真菌的营养体是给真菌提供营养、维持真菌生存的结构。菌丝体是多数真菌常见的营养体。菌丝体的典型构造是向四周伸展的丝状体或绒状体。各个组成单位称为“菌丝”。菌丝的直径很小，最大的为100 微米左右，最小的还不到 0.5 微米。通常菌丝直径多为 5 ~ 6 微米。菌丝大多是无色透明的，但也有有颜色的，生长较老的菌丝也可能会有颜色。有的菌丝中还有横隔膜，把菌丝分成一节节的。真菌的菌丝除营养作用外，还可形成各种组织，如有的真菌许多菌丝体纠结成团，形成坚硬颗粒，叫“菌核”。有的菌丝体平行扭结成索状组织，称为“菌索”，起到保护真菌免受不良环境影响的作用。寄生性真菌中，有的菌丝会产生旁支，穿入寄主细胞中吸取养料，所以称为“吸器”。有的真菌还能形成“菌网”或“菌套”，来捕食各种小软体动物作为自己营养的补充。但无论菌丝体怎样改变，它们的本质还是为真菌提供营养。所以，把菌丝体称作真菌的营养体。

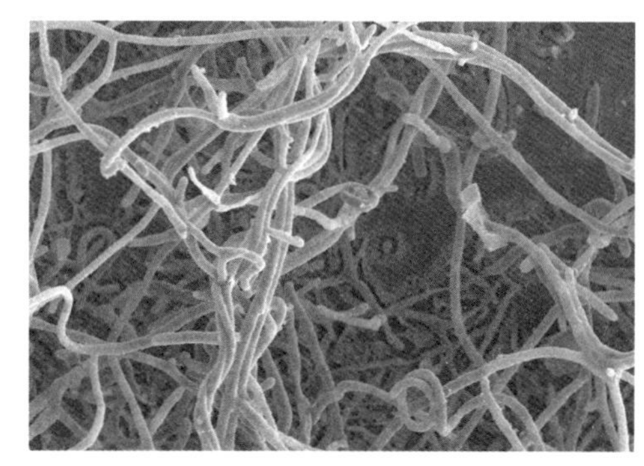

菌　丝

基本小知识

菌丝体

单一丝网状细胞称为菌丝，菌丝集合在一起构成一定的宏观结构称为菌丝体。肉眼可以看见菌丝体，如长期储存的橘子皮上长出的蓝绿色绒毛状真菌，放久的馒头或面包上长出来的黑色绒毛状真菌。在固体培养基上霉菌的菌丝分化为营养菌丝和气生菌丝。营养菌丝深入到培养基内吸收养料；气生菌丝向空中生长，有些气生菌丝发育到一定阶段分化成繁殖菌丝，产生孢子。营养菌丝，又称基内菌丝、基质菌丝、一级菌丝，主要功能是吸收营养物质，有的可产生不同的色素，是菌种鉴定的重要依据。气生菌丝（二级菌丝）是指从基质伸向空气中的菌丝体。菌类的菌丝体多是匍匐在基质上，或是贯通基质而伸长的，为了孢子的形成而生长气生菌丝。在一定条件下，水生菌类也可以生长气生菌丝。真菌和放线菌的营养菌丝发育到一定时期，长出培养基外并伸向空间的菌丝称为气生菌丝。它叠生于营养菌丝上，可以覆盖整个菌落表面。在光学显微镜下，颜色较深，直径比营养菌丝粗，直形或弯曲，有的产生色素。

真菌的繁殖

有生就有死，这是自然界亘古不变的规律，真菌也不例外。当真菌发育到一定阶段后，就开始为传宗接代做准备了。真菌的繁殖器官大多是由营养器官转变而来的。真菌主要是产生各种各样的孢子来作为繁殖单位的，孢子常成万成亿地产生，数目大得惊人，而体积却非常微小。真菌的孢子主要有两大类：一类是由两个细胞内的两个或多个细胞核及其周围的原生质结合而成的，称为“有性孢子”，它们包括卵孢子、接合孢子、子囊孢子及担孢子等；而另一类是由单细胞分裂形成的，称为“无性孢子”，它们包括游动孢子、孢囊孢子、芽孢子、粉孢子、分生孢子及厚垣孢子等。为什么一种真菌要产生两种不同的孢子呢？原来有性孢子对抵抗不良环境和保存菌种具有重大作用，而无性孢子对于个体数目的增加和真菌的繁衍意义重大。靠着这两种真菌孢子的互相配合、互相弥补，真菌虽经历了几次大灾难，却仍能繁茂地生活着。

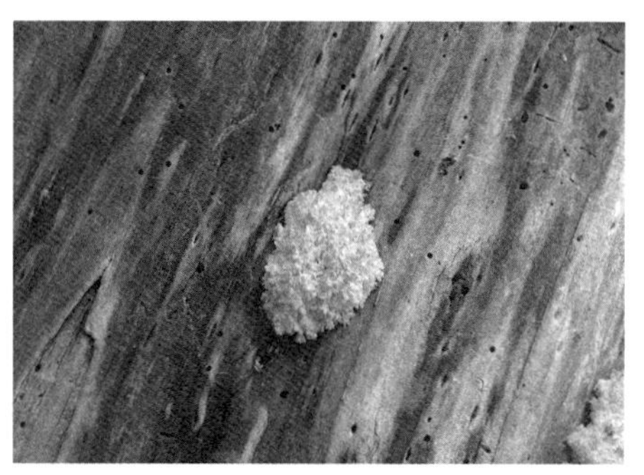

真菌的繁殖体

知识小链接

接合孢子

接合孢子是由菌丝生出的结构基本相似、形态相同或略有不同的两个配子囊接合而成。首先，两个化学诱发，各自向对方伸出极短的特殊菌丝，称为接合子梗。性质协调的两个接合子梗成对地相互吸引，并在它们的顶部融合形成融合膜。两个接合子梗的顶端膨大，形成原配子囊。而后，在靠近每个配子囊的顶端形成一个隔膜——配子囊隔膜，使二者都分隔成两个细胞，即一个顶生的配子囊柄细胞，随后融合膜消解，两个配子囊发生质配，最后核配。由两个配子囊融合而成的细胞，起初叫原接合配子囊。原接合配子囊再膨大发育成厚而多层的壁，变成颜色很深、体积较大的接合孢子囊，在它的内部产生一个接合孢子。应该强调的是，接合孢子囊和接合孢子在结构上是不相同的。接合孢子经过一定的休眠期，在适宜的环境条件下萌发成新的菌丝。

子实体层

蘑菇的子实体层

如果我们对蘑菇细心观察一下就会发现，在菌盖的下面有一些呈叶状或管状的结构，我们把叶状结构称为菌褶，把管状结构称为菌管。菌褶和菌管上均布满了孢子。孢子的形状各式各样，它的形状、颜色、大小、花纹是蘑菇分类的重要依据之一，而这些孢子着生的担子就是子实层的一部分。子实层分布在菌褶的两侧和菌管的里面。子实层上有担子、囊状体等。这些子实体层的责任可谓重大，它们肩负着传宗接代的重任，在它上面的担子上着生着孢子，在未成熟时多为白色，老熟后就变成各种不同

知识小链接

菌　褶

菌褶是指担子菌类伞菌子实体（担子果）的菌盖内侧的皱褶部分，或由菌褶原发育成的结构。从横切面看，每个菌褶的两侧有子实层。在内侧紧靠子实层的子实下层，其内侧有一圈子实层基，再内侧，即从菌褶中心形成菌盖的部分，称为菌髓。纵剖子实体时所见的菌褶与子实体柄的关系，是伞菌类真菌分类的重要特征。

的颜色，随着风的飘动传播到很远的地方去建立新的家园。子实体层为它们的成长提供了足够的空间和充足的营养。当孢子们都散发出去后，子实体层中的营养也就消耗得差不多没有了，子实体层就会逐渐枯萎而死。

菌　盖

广角镜

·菌　盖·

菌盖是指伞菌、香菇、菌类、蘑菇属等层菌类子实体上部的伞状部分。在位于内侧菌褶的表面或孔内壁有子实层，产生担子。菌盖表面的鳞状、疣状（鹅膏属）鳞片为外菌幕的残余。根据菌盖充分张开时的形状，放射形菌褶的有无，菌盖中央是突出的还是凹陷的，以及是否易于从菌柄上脱离等特征，来决定各个不同的种。此外，菌盖周缘特别是幼菌的菌盖周缘其向内侧卷曲的，称为内卷。

我们通常所说的蘑菇是指真菌的子实体，也就是它的地上部分，它们的样子很像一把把插在地里的雨伞。其实在地下还有一大部分的菌丝体，蔓延出好远。我们要认识的菌盖仅仅是蘑菇子实体的一部分，就是好像帽子一样扣在子实体上的部分。菌盖的形状多种多样，较常见的有钟形、斗笠形、半球形、漏斗形等。并且由于菌盖表面的表皮上含有不同的色素，因而菌盖还呈现出各种不同的颜色，有白、黄、褐、灰、红、绿等，而且颜色又有深浅之分。在菌盖上还有各种附属物，如纤毛、环纹，各种鳞片等。有的蘑菇菌盖上还会分泌出各种黏液。而幼小的蘑菇和成熟的蘑菇也稍有差异，甚至会完全不同。一些蘑菇还有一种奇怪的现象，当被异物碰伤后，伤口会逐渐发生颜色的变化，例如牛肝菌受伤后会变成青蓝色，稀褶黑菇的伤口会先变成红色后变为黑色。蘑菇的菌盖是分类学上的一个重要依据，也是我们食用的主要部分，应注意区分毒蘑菇和食用菌，防止中毒。

菌 盖

知识小链接

牛肝菌

牛肝菌是牛肝菌科和松塔牛肝菌科等真菌的统称，其中除少数品种有毒或味苦而不能食用外，大部分品种均可食用。主要有白、黄、黑牛肝菌。白牛肝菌味道鲜美，营养丰富。该菌菌体较大，肉肥厚，柄粗壮，食味香甜可口，营养丰富，是一种世界性著名食用菌。云南省各族群众喜爱采集鲜菌烹调食用，西欧各国也有广泛食用白牛肝菌的习惯。除新鲜的做菜外，大部分切片干燥，加工成各种小包装，用来配制汤料或做成酱油浸膏，也可制成盐腌品食用。

真菌的菌柄、菌环和菌托

如果我们把蘑菇比喻为一把雨伞，那么菌柄就是伞中央的硬杆。真菌的菌柄大多生在菌盖的中央，也有少数生在菌盖的一侧或稍偏。

菌柄有肉质的、蜡质的、纤维质等各种质地；颜色多种多样，有白、红、黑、褐等多种颜色；形状也千奇百怪，圆柱形、纺锤形、杵状等，并且形状可随生长阶段而发生变化。在子实体发育早期，是由一层膜包围着子实体的，我们称它为总苞或外菌幕，有的厚些，有的薄些。膜薄常常随着子实体的发育就逐渐消失了，而厚的外菌幕常全部或部分遗留在菌柄的基部，形成一个袋状物或杯状物，这就是菌托。知道了菌托的由来，菌环就比较好理解了，在菌盖的发育中，它的边缘和菌柄连在一起，形成一层膜称为内菌幕，这层膜有薄的，也有厚的，也有蛛网状的。子实体长成后，内菌幕常在菌柄上留下一个环状物，这就是菌环。带有菌托、菌环的蘑菇多属于毒伞一类，大多有毒，采食时一定要多加小心，当心误食中毒。

菌　柄

你知道吗

·真菌感染·

医学上有意义的致病性真菌几乎都是霉菌。根据侵犯人体部位的不同，临床上将致病真菌分为浅部真菌和深部真菌。真菌性肠炎就属于深部真菌病。

浅部真菌（癣菌）仅侵犯皮肤、毛发和指（趾）甲，而深部真菌能侵犯人体皮肤、黏膜、深部组织和内脏，甚至引起全身播散性感染。深部真菌感染肠道即表现为真菌性肠炎，可独立存在，如婴儿念珠菌肠炎，或为全身性真菌感染的表现之一，如艾滋病并发播散性组织胞浆菌病。

真菌的命名

真　菌

真菌是植物界中庞大的一门，世界上有十余万种之多，每一种都有它自己的名称，而且因国而异。同一种真菌，有中国的名称——中名，有外国的名称——外名。国内各地区、各民族又有其习惯的名称——俗名、别名等等。俗名的优点是适用于当地，但因地区的局限性，有的含糊，有的不专指一个种而是指一个类群。为了科学的准确性，避免混乱和便于国际间的技术交流，世界各国都采用“双名法”来为生物界命名，称为学名。“双名法”是根据瑞典植物学家林奈在1753年发表的“植物的种”一文中所介绍的命名原则，以后经过7次国际学术会的协议而确定下来的国际命名规约。根据“双名法”的原则，每一种生物的学名，由两个拉丁字组成。第一个字表示该种真菌所隶属的属名，为名词；第二个字是它本身的种名，为形容词。依拉丁文法规则（性、数、格）与名词一致。在印刷时，学名用斜体字，在手写时，学名下加横线。属名的第一个字母要大写，种名的第一个字母不必大写。正式学名要在种名之后加上命名人的名。如扁柄伞菌的学名为 *Agaricus Compressipes* Chiu。Agaricus 是本种所隶属的属名——伞菌属，Compressipes 是本种种名，是形容本种伞菌具有扁平菌柄特征，Chiu 是我国著名真菌专家裘维蕃的姓，说明这个真菌的

学名是裘维蕃定名的。这就是真菌定名的一般程序。

真菌的分类单位

真菌的分类单位和高等动物、高等植物的分类单位一样。“种”是分类上的基本单位。每一个物种都有它自己的发生、发展和灭亡的历史。达尔文在《物种起源》中指出：物种是不断变化的。但在一定的时间内，物种又是相对稳定的。科学家们根据各种生物的形态特征、生理机能和生活习性的不同将自然界的物种人为地划分开来。把具有共同祖先，亲缘关系较近的各个“种”，归纳为较大的分类单位即“属”，按照起源共同性原则，又把一些“属”归纳为“科”，把“科”归纳为“目”，“目”又归纳为“纲”。最后还是按亲缘关系，把“纲”合并成“门”。门是分类学上的最大单位，也是最高等级。这就是生物分类系统上通用的单位：“门”“纲”“目”“科”“属”“种”。在每一级单位上，又常设有较小的单位而冠以亚字，如“亚纲”“亚目”“亚科”“亚属”和“亚种”。“种”以后还设有“变种”“型”等单位。“门”“纲”“目”“科”“属”的学名第一个字母都要大写。除“属”“种”的拉丁名可印成斜体字外，“科”“目”“纲”“门”都用正体字，而不能印成斜体字。

真菌的采集

能否有效、全面地采集某一地区的真菌，关系到许多重大的发现。首先，采集前要做好充分的准备工作，如标本筐、小纸盒等用于盛放易碎、易压坏的种类，准备好各种规格的短刀、剪枝剪，另外还要带有足够数量的号牌、白纸、报纸用来记录、包扎。其次，在采集过程中要依据采集对象的不同而采取不同的采集方法。对于高等担子菌和盘菌类的采集，要注意采集完整，可略带一些基质采集。而如果是枝梢、枝条、叶片上的病害真菌标本，一般用剪枝剪取病枝或带有病叶的标本的枝条，夹在标本中即可。当采集到一种真菌后，野外记录是非常重要的，首先应记明采集日期、场所、寄主的名称、寄生的部位、温度、湿度及土壤的酸碱度等；其次记录标本的外部形态，包括大小、习性、结构，菌幕、菌环和菌托的有无，菌盖的大小、形状、颜色等；最后记录菌肉的颜色，割开后有无变色、质地、尝味等。有条件的要及时摄影，防止有些真菌干后会变色。经过以上的步骤，就可以将标本收好，开始下一个真菌的采集了。

真菌与植物根的结合体——菌根

在陡峭的悬崖上，我们常可以看到一棵棵的苍松翠柏在石缝中傲然挺立。它们的环境那么恶劣，却生长得如此茂盛，这是怎么回事？生长所需的养料从哪里来？而草原上的土壤营养条件不知要比石缝中好多少倍，树木反而不能生长。这种现象引起科学家的极大兴趣，终于揭开了这个秘密。原来，是由于真菌的菌丝与植物的根结合在一起形成一种

菌根菌

特殊的结构——“菌根”所造成的，形成菌根的真菌称为“菌根菌”。在草原的土壤环境里，菌根不容易形成，所以树木不易成活。还有兰科的一些植物如天麻，要是没有菌根菌，就会停止生长，甚至死亡。菌根到底是如何帮助植物生长的呢？原来，真菌的菌丝生长在植物的细胞间或细胞内，或者在根的外面。真菌用它庞杂的菌丝体把土壤和植物体根系联系起来。菌根菌分泌一些特殊的酶类来分解不溶解的有机物和矿物，使它们变成能为植物所吸收的物质，帮助植物生长。真菌又从植物体内获得自身发育所需的营养。双方均受益，这种现象在生物学上称为“共生”。

知识小链接

菌根菌

菌根菌是特定的真菌与特定植物的根系形成的相互作用的共生联合体。植物与真菌共生关系的建立需要过程，也需要环境的配合，单靠其通过自然的过程来完成这种关系的建立，成功的概率就会降低，所以就要人为地为它们提供共生的条件，接种菌根菌就是有效途径之一。

了解不多的半知菌

真菌界包括鞭毛菌、接合菌、子囊菌和担子菌，它们是依据其有性世代所产生的有性孢子的特征来区别的。鞭毛菌除少数低等的以外，产生卵孢子，接合菌产生接合孢子，子囊菌产生子囊孢子，担子菌产生担孢子。但很多真菌在某种环境条件下，个体发育并不进入有性世代，甚至有的菌株失去产生有性孢子的能力。还有可能我们观察真菌的时机不当，常常只遇到它们的无性阶段而看不到它们的有性阶段。因为我们只了解其生活史中的无性世代而不了解它们的有性世代，所以常称它们为半知菌，这些真菌都属于半知菌亚门。半知菌在自然界分布极广，种类也较多，已知有 1 825 属 15 000 种以上，在数量上仅次于子囊菌亚门，其中有许多种寄生在植物或动物体上。植物病害的病原真菌，约 1/2 属于半知菌，它们能引起苗木枯死、植物叶斑、炭疽和疮痂、植物枝条枯死和丛生等病害，对农业的危害很大。

△ 半知菌

广角镜

·半知菌·

半知菌是一群只有无性阶段或有性阶段未发现的真菌。它们当中大多属于子囊菌，有些属于担子菌，只是由于未观察到它们的有性阶段，无法确定分类，因此归于半知菌。事实上，一些无性阶段很发达，有性阶段已发现但不常见的子囊菌和担子菌，习惯上也归在半知菌中，故这些真菌有两个学名。它们有性阶段的学名是正式的学名，而无性阶段的学名实际上使用更广泛，通常也认为是合法的。半知菌中有许多是植物病原菌，有的是重要的工业真菌和医用真菌，有的是植物病虫害的重要生防菌。

蘑　菇

蘑菇属真菌的范畴，但它并不是真菌分类学上的一个自然类群。蘑菇大多属于真菌中的担子菌，但也有少数属子囊菌。在以前的分类系统中，将蘑菇放在植物界的一个分支上，但近年来有人认为它们不具叶绿素，而且含几丁质，应单独把它们分出来另立一界——真菌界。蘑菇在我国的分布极广，由于我国的地理条件多种多样，适宜各种蘑菇的生长，所以一年四季我们都可见到它们。特别是夏末秋初时，它们的生长最为旺盛。蘑菇大致可分为有益和有害两大类。有不少种类味道鲜美，营养丰富，因此自古以来广大劳动人民就有采食蘑菇的习惯，并且成功地将不少野生种类驯化栽培，成为名贵的食品，并且蘑菇中有许多的品种可以药用。有些种类与高等植物共生，形成菌根，成为某些森林植物生长不可缺少的因素。但也有些种类是有害的，能使木材腐朽，危害林木。还有一些种类，含有有毒物质，误食后会引起中毒，重者还会致死。所以，在食用前一定要辨认清楚，千万不可乱食不认识的蘑菇。

△ 蘑　菇

知识小链接

几丁质

几丁质，又名甲壳素、甲壳质，其有效成分是几丁聚糖（壳聚糖）。在自然界中，几丁质广泛存在于低等植物菌类、藻类的细胞，虾、蟹、昆虫等甲壳动物的外壳，真菌细胞壁等，是除纤维素以外的又一重要多糖。因几丁质的化学结构和植物纤维素非常相似，故几丁质又被称作动物性纤维。

鞭毛菌

你知道吗

·无性孢子·

无性孢子是指经无性分裂产生的与亲体遗传性相似的孢子。

鞭毛菌在这里不是指哪一种真菌，而是一类具有相似特征的真菌的统称，它们在进行无性繁殖时都能产生具有鞭毛的游动孢子，所以把它们称作鞭毛菌。这一类真菌除极少的一部分为典型的单细胞外，大多是分支的丝状体构成，菌丝通常是无横隔的，只有在繁殖的时候才暂时形成横隔。当鞭毛菌进行无性繁殖时会产生单鞭毛或双鞭毛的游动孢子。如果是双鞭毛的游动孢子，那根稍长一点的鞭毛下部僵直而上部柔软能甩动，称为尾鞭。稍短一点的鞭毛则在鞭毛侧面生出许多茸毛，称为茸鞭。无性孢子具有鞭毛，是这一类真菌区别于其他菌类的重要特征。鞭毛菌大多是水生，只有少数两栖生、陆生、腐生或寄生，但不管它们的生活方式如何，它们的无性孢子均有鞭毛，均可在水中运动，因此这类真菌又被称作“水生真菌”。这类真菌大多是有害菌，危害很大，应多加预防。

水　霉

养鱼的人都知道，在渔业上有一种危害极大的病菌，也就是我们要说的水霉。水霉大家并不陌生，在饲养的金鱼的鳃部或腹部我们常可以见到一些白色的斑块，极不容易治疗，患处的组织会逐渐腐烂，直至死亡，死亡的鱼身上会布满白色的菌丝，传染也很厉害。水霉属于鞭毛菌亚门，卵菌纲，水霉目。正如大家所见到的，水霉的菌丝体为白色，绒毛状，分支较多，无横隔。水霉产生的无性孢子称为游动孢子，因为在它们的前端有两条鞭毛，可以在水中自由游动。游动一段时间后，又成为一个静止的孢子，以后又从这个静止的孢子生出一个新

> **拓展阅读**
>
> **·水　霉·**
>
> 水霉（Saprolegnia）是寄生在鱼或其他水生动物体表的真菌。鱼体表出现的成片白毛就是水霉的菌丝。菌丝中有多个细胞核，无横隔。菌丝壁主要是一种不同于纤维素的多糖。水霉的全身就是一团菌丝，相当于一个多核细胞。一部分菌丝伸入到寄主的组织中去，吸收营养物，可称为假根，长在外面的菌丝顶端膨大而成孢子囊，从中产生多个有2根鞭毛的孢子。孢子游到新的寄主身上，发育而成新的水霉。

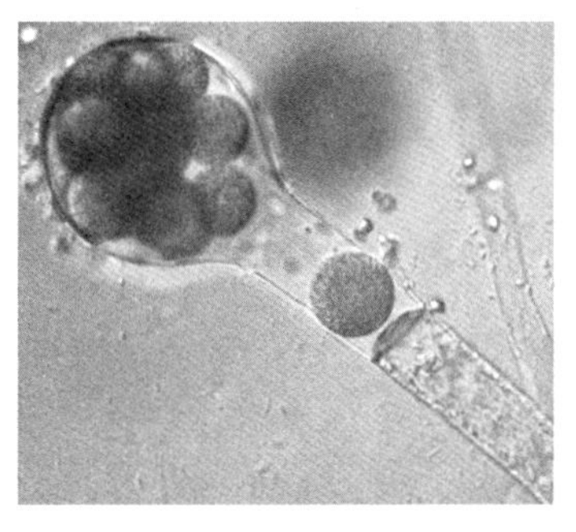

水　霉

的肾形的游动孢子，称为第二型游动孢子，它会钻入鱼体的组织中发展为鱼病。这种现象称为双游现象。科学家们研究发现，水霉侵害鱼苗、成鱼和种鱼，特别是正在孵化的鱼卵，破坏寄主的组织，使寄主肌肉腐烂，以致死亡，对鱼类的危害极大。用2.5%食盐水加5%漂白粉洗涤病鱼鱼体数次，可治愈。

捕食性真菌

除了大家熟知的猪笼草、茅膏菜和水中的狸藻以捕虫为生外，还有一些能捕食虫的微生物，它们就是藻状菌纲中的真菌。在农业上有一种细长如线头的软体线虫，它们危害庄稼的根部，破坏作物的养料输送线，夺走植物的肥料。虽然它们的平均体长仅0.1～1毫米，但是它们的繁殖能力极强，且移动迅速，到处繁殖，四处捣乱，危害农作物的生长。“魔高一尺，道高一丈”，捕食性真菌就是它们的天敌。捕食性真菌的捕虫方法极其巧妙，在真菌的菌丝体的每个分支上都长了专门用来捕捉线虫的结构——捕虫环，在捕虫环的内侧长着密密麻麻的钩刺，平时捕虫环是瘪瘪的，像一个漏气的救生圈，一旦猎物钻入，捕虫环内侧马上吸水膨胀，体积猛增到原来的3倍，捕虫环也随之收紧，并越收越紧，任猎物如何挣扎，也难以挣脱。这时捕食性真菌的菌丝从四面八方慢慢把猎物裹住，分泌出消化液把猎物消化掉，作为自身生长、繁殖所需要的营养。科学家们人工培养这些真菌，应用于农业防治线虫，取得了较好的效果。

担子菌

担子菌是真菌中具有较大经济效益的一类真菌，担子菌与其他真菌有着许多不同。担子菌的菌丝体十分发达，在菌丝中有横隔。担子菌的菌丝要完成 2 ~ 3 个明显的发育阶段，即初生、次生和三生菌丝体。初生菌丝体的菌丝通常从单核的担孢子产生。次生菌丝体的菌丝是典型的双核菌丝，来源于初生菌丝，由两条单核的初生菌丝配合而生，一条菌丝的每个细胞中的原生质都流入到另一条菌丝的每个细胞中。因此，配合后的菌丝，每个细胞中都有两个细胞核。三生菌丝体是由次生菌丝体构成的复杂组织，也就是人们通常所说的蘑菇。除了锈菌目和黑粉菌目外，其他的各目担子菌都有明显的担子果（也就是蘑菇）。担子果的差别很大，有一年生的，也有多年生的；有脆弱的，也有坚硬的；有伞形、扇形的，也

·灵　芝·

灵芝，又称灵芝草、神芝、芝草、仙草、瑞草，是多孔菌科植物赤芝或紫芝的全株。以紫灵芝药效为最好，经过科研机构数十年的现代药理学研究证实，灵芝对于增强人体免疫力，调节血糖，控制血压，辅助肿瘤放化疗，保肝护肝，促进睡眠等方面均具有显著疗效。

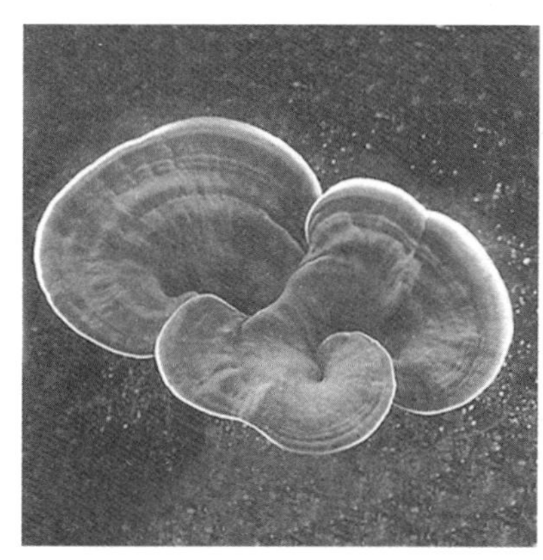

灵　芝

有蹄形、珊瑚枝形的；有直径可达1米以上的，也有肉眼刚能看到的；有的重达30多千克，有的不足5克。在担子菌中，有人们爱吃的香菇、金针菇，也有具有保健作用的灵芝、猴头。可以说，大部分的食用菌都属于担子菌。担子菌是名副其实的“食用菌的家”。但也不是所有担子菌的子实体都可以吃，像毒伞属中的各个种类大多是有毒的，误食后会感到极度的不适，严重的还会危及生命。

食用菌的一般特性

现在人们的生活水平越来越高，膳食结构也已由吃饱吃好逐渐向有营养、低脂肪、高蛋白的方向发展。食用菌就是一种很好的现代营养保健食品。食用菌大多生长在人迹罕至的深山老林中，那里的空气新鲜，污染少，受人类活动的影响小，是一种真正的绿色食品。食用菌的营养价值极高，以香菇为例，每100克干香菇中，蛋白质含量占12.5%，糖类含量占60%，而脂肪只占6.4%，富含各种氨基酸和微量元素。食用菌的营养成分易被吸收，约75%以上的

知识小链接

食用菌

中国已知的食用菌有350多种，其中多属担子菌亚门，常见的有香菇、草菇、蘑菇、木耳、银耳、猴头、竹荪、松口蘑（松茸）、口蘑、红菇和牛肝菌等；少数属于子囊菌亚门，其中有羊肚菌、马鞍菌、块菌等。上述真菌分别生长在不同的地区、不同的生态环境中。

物质能被动物及人体所吸收，只有不到四分之一的“废物”，可吸收成分比一般水果蔬菜高得多。食用菌的维生素含量大，种类也多，是大豆的20倍，海带的8倍，可以说是天然的维生素宝库。看了这些描述，相信读者对食用菌会有一个崭新的认识，但也要提醒大家：并不是所有的蘑菇都是可以食用的，食用前一定要识别清楚，防止误食毒蘑菇而中毒。

鸡　菌

在热带和亚热带，已知有上百种的蚂蚁有“栽培”真菌，并以真菌为食的习性，它们穴居地下，为害植物。它们将植物咀嚼得很碎，然后将真菌种在上面，真菌就在上面生长。蚂蚁们就以菌丝体顶端膨大的圆球为食。其中的一些突起，突出蚁穴钻出地面，那就是鸡菌。可以说，只要有鸡菌的地方，地下一定有蚂蚁。鸡菌是一种美味的食用菌，菌柄上粗下细，菌盖初出地面时为黑色，以后呈棕黑色，全面张开时伞的直径可达20厘米，常常从边缘开裂，

拓展阅读

·鸡　菌·

鸡菌非鸡，而是一种美味的伞菌。云南气候温和湿润，每当春夏多雨时节，山野草地，各种菌类竞相破土而出。其中，可供食用的菌类多达四十种，如以形命名的“牛肝”“虎掌”“刷把”，以色取名的“铜绿”“青头”“紫沙包”，还有形容其变化之快的“见手青”，等等。

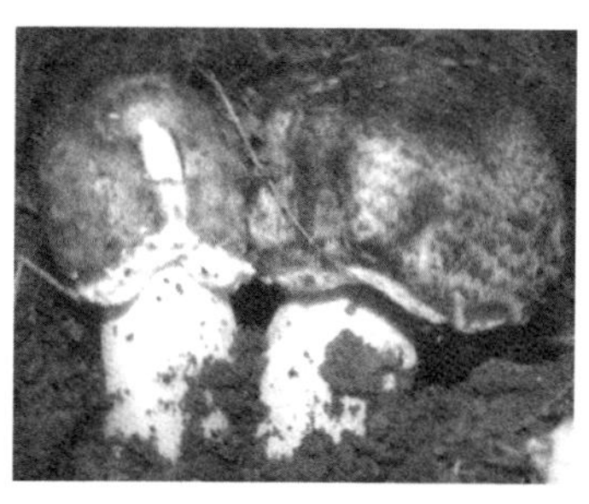

鸡　菌

呈鸡爪状，这也是鸡菌名字的由来。科学家们研究发现，鸡菌与蚂蚁的关系十分密切，只有在蚂蚁的“哺育”下，鸡菌才能正常地生长，蚂蚁搬家的时候也会带上菌种一起迁移，而废弃的蚁巢上就不会再长出鸡菌了。如果能把它们两者之间的关系搞清楚，那么人工栽培鸡菌就不会像现在这么困难了。

金针菇

金针菇

金针菇是一种驰名中外的食用菌，它以其鲜嫩滑脆的口感和丰富的营养成分，深受消费者的欢迎，在国内外市场上极为畅销。我国是最早认识和利用金针菇的国家。在《四时纂要》《农桑辑要》等多部古书中对其栽培均有记载。金针菇原名金钱菌，古代称作构菌，是一种以食柄为主的小形伞菌，因为其柄具有金针菜（即黄花菜）的外观和脆嫩口感，所以大多称为金针菇。金针菇的大面积人工栽培始于20世纪70年代，食用菌科技工作者们根据中国各地不同的情况，就地取材，利用各种材料进行试栽均获成功，现在主要用木屑、棉籽

> **你知道吗**
>
> **·氨基酸·**
>
> 氨基酸是构建生物机体的众多生物活性大分子之一，是构建细胞、修复组织的基础材料。

壳、玉米芯、甘蔗渣、稻草等原料进行栽培。目前，金针菇的产量已跃居世界食用菌产量的前四名。金针菇中富含人体所需的8种氨基酸，其中赖氨酸和精氨酸的含量均高于其他菇类，具有促进智力发展的功能，因此人们又将金针菇称为“增智菇”。金针菇对预防高血压有一定的作用，是一种较好的保健食品。

银　耳

银耳是我国传统的名贵佳肴，在我国有着悠久的人工栽培历史。近年来普遍采用塑料袋代料栽培，使银耳的产量获得大幅度的提高。银耳与黑木耳是两种很相似的食用菌。银耳的子实体呈乳白色或淡黄色，特别是烤干后的色泽更黄。过去做银耳买卖的人常用硫黄把银耳的菌体薰白以迎合顾客喜欢白色的心理，其实干银耳的本色应该是黄色的。不过，人工栽培的银耳在胶质的厚薄以及它应有的药效方面与天然的银耳有一定的差别。人工栽培的银耳往往“花朵”薄而色泽淡白，还缺少应有的滋味，而且性质脆而没有胶质感，营养价值也较差。银耳的生长需要一种特殊的生物因子——伴生菌。原来银耳菌丝分解纤维素、木质素以及淀粉等大分子化合物的能力极弱，所以需要依靠一种伴生菌——羽状菌丝（也称耳友菌丝、香灰菌丝），先把木材或培养料的大分子化合物分解转化为简单的化合物，银耳菌丝才能吸收利用，

野生银耳

这是银耳与其他大多数食用菌的不同之处。

猴头菌

猴头菌

猴头菌的外形有些像小猴子的脑袋，特别是干燥后变成褐色时更像，甚至像刺猬，故又名刺猬菌、花菜菇，是一种营养丰富、味道鲜美的著名山珍。它们寄生在栎树之类的落叶树上。当它们的半寄生半腐生的菌丝发育到一定时期时，就在栎树皮上横生出白色柔软肉质的倒卵形担子果来。这些担子果没有明显的头盖。从担子果上部长出长达 1 ~3 厘米的齿状结构，看起来就像猴子的头发，有些部位也有密集绒毛状的不孕菌丝。过去只能在林间采集得来，所以数量不多，物以稀为贵，售价就比较高。现在大多采用人工栽培。近年来猴头的栽培面积越来越大，产量不断提高。从猴头中提取出的多种猴头多糖和多肽类物质，具有抗癌活性和增强机体免疫功能的作用。在国内用猴头菌丝体制成的猴菇片，已广泛用于医治胃溃疡、十二指肠溃疡、慢性胃炎等疾病，并对医治食道癌、胃癌、十二指肠癌等消化道系统的肿瘤也有一定的疗效，且无毒性和副作用，深受患者和医院的欢迎。

茯　苓

·菌　核·

菌核是由菌丝紧密连接交织而成的休眠体，内层是疏松组织，外层是拟薄壁组织，表皮细胞壁厚、色深、较坚硬。菌核的功能主要是抵御不良环境。当环境适宜时，菌核能萌发产生新的营养菌丝或从上面形成新的繁殖体。

中国地大物博，各种奇花异果数不胜数，茯苓就是其中的一种。茯苓作为一种珍贵的药材已有3 000多年的历史了。《神农本草经》将茯苓列为药中上品。茯苓具有利尿、安神、平心律、助消化的功效，可治疗水肿、失眠、心悸、腹胀等疾病。准确地说，茯苓是真菌的一种菌核。前面已经讲过，菌核是由无数的菌丝体纠结缠绕在一起，并经过特化而形成的。在现已知道的真菌菌核中，茯苓的菌核是真菌中最大的，最大的可达60 千克，一般重2 ~3 千克。在我国南北方均有野生茯苓的分布。茯苓多生长在丛林中的松树下面，埋藏在土中不易寻找。

茯　苓

刚从山林中采到的新鲜茯苓，外形很像山药，呈球形或块状，不光滑，有瘤状物或皱褶；外皮色泽淡灰，棕色或黑褐色，内部白色或浅粉色。由于对于茯苓需求的加大，在我国南方还用松木进行人工栽培，取得了成功，现已大规模生产。

知识小链接

茯苓

茯苓，俗称云苓、松苓、茯灵，为寄生在松树根上的菌类植物，形状像甘薯，外皮黑褐色，里面白色或粉红色。其原生物为多孔菌科真菌茯苓的干燥菌核，多寄生于松科植物马尾松或赤松等的根部。分布于云南、安徽、湖北、河南、四川等地。古人称茯苓为“四时神药”，因为它功效广泛，不分四季，将它与各种药物配伍，不管寒、温、风、湿诸疾，都能发挥其独特功效。

虫草

虫　草

一提到“虫草”，大家马上会联想到“冬虫夏草”。其实，冬虫夏草只是虫草中的一种，而虫草是一大类寄生在鳞翅目幼虫体上的子囊菌的总称。为什么虫子的头上会长出“草”来呢？原来在土壤中有许多虫草菌的子囊孢子，当鳞翅目的幼虫在土中爬行时，虫草菌的子囊孢子会寻机吸附在幼虫的身体上，逐渐膨大，长出芽管伸入到鳞翅目幼虫的体内，一点点侵蚀昆虫身体内的各种组织，直到布满幼虫的整个体腔。这时我们看到的只是一个死了的幼虫，当遇到湿润的条件时，菌丝就从幼虫的尸体中发育出来，形成我们看到的虫草。虫草是一味名贵的常用中药，适用于治疗肺结核、年老体衰及慢性咳嗽、气喘等疾病。由于虫草特别名贵，不仅国内销路很广，而且国外的需求量也很大。由于人们对虫草资源的过度开采，虫草资源受到极大的损害，应该多加保护，不要“竭泽而渔”。

知识小链接

虫　草

虫草，又称冬虫夏草、冬虫草等，是麦角菌科的真菌（虫草菌）与蝙蝠蛾幼虫在特殊条件下形成的菌虫结合体，子座出幼虫的头部，单生，细长如棒球棍，长4～11 厘米。冬虫夏草是虫和草结合在一起长成的一种奇特的东西，冬天是虫子，夏天从虫子里长出草来。

猪　苓

猪苓是担子菌亚门中一种多孔菌的菌核，由于其外形与猪的粪便很相似，故又名“野猪粪”。猪苓多见于柞、桦及山毛榉科等阔叶树的根间土层下，是真菌的菌丝相互缠绕后转化成的一种保护结构，将猪苓的菌核种在地下，辅以适宜的温

猪　苓

度和湿润的环境，不久，就在它的上面长出了猪苓的子实体，也就是我们常说的“猪苓花”，味道鲜美，是一种很有价值的食用菌。猪苓菌核的外形极不规则，并有许多凸凹不平的瘤状突起，颜色多为黑色或近黑色，质地坚硬，剖开后，内部近似于白色或淡黄色。猪苓是一种常见的中药，可用以治疗肿瘤等疾病。经研究发现，它的主要药效成分是一种利尿剂，小孩子便秘时可用猪苓粉末和蛋白冲水调服。我国科研工作者又从猪苓中成功地提取了一种抗癌药物——猪苓多糖，对肺癌等多种疾病均有不同程度的治疗效果。

拓展阅读

·多孔菌·

多孔菌，又称多变拟多孔菌。子实体中等至稍大，菌盖肾形或近扇形，稍平展且靠近基部下凹，直径10~12厘米，厚0.3~1厘米，浅褐黄色至栗褐色，表面近平滑，边缘薄，呈波浪状或瓣状裂形。菌肉白色或污白色，稍厚。菌柄侧生或偏生，长0.7~4厘米，粗0.3~1厘米，黑色，有微细绒毛，后变光滑。菌管长2~3毫米，与管面同色，后期呈浅粉灰色。管口圆形或多角形，每毫米3~5个。

香　菇

香菇，又名香蕈、冬菇，属伞菌目，白蘑科香菇属。香菇以其气味独特、味道鲜美、营养丰富等特点，成为了佳肴中不可缺少的一员。后来人们又发现香菇中含有多种具有生物活性的药用成分，可预防和治疗多种疾病。从香菇中提取出的香菇多糖对癌细胞有一定的抑制作用，是一种重要的保健食品，深受世界各国人民的喜爱。

香菇

香菇原是一种野生菌，据传在宋朝时就已有专门种香菇的“菇农”了。那时主要的种植方法是“砍花”，就是把树木伐倒后，在上面砍上形状不一的坎，然后利用香菇孢子的自然喷射来接种。这样做的缺点是周期长，生产效率很低，而且还会浪费大量的木材。进入 20 世纪下半叶后，许多科研工作者对香菇又进行了细致的研究和技术革新，现在的菇农多采用木屑、棉籽壳等材料进行香菇的栽培，缩短了生产周期，又节省了大量的木材资源。

知识小链接

野生菌

野生菌的生长环境呈多样性，多生长在树丛或草丛中。在神秘而美丽的大自然里，野生菌们悠然自得地生长着，尽情地吸噬着天地的灵气、日月的精华。

橙盖鹅膏菌

橙盖鹅膏菌

橙盖鹅膏菌属于鹅膏类，因为它们的幼菌体很像白色的鹅蛋而得名鹅膏。这个蛋形的物体展开后，就会形成一伞状的子实体。伞盖多为橙黄色，上面还可能有菌托的残片。伞柄一般是白色的，上部往往留下一个膜状的环柄，在它的基部往往留下包膜的一部分，成为一个杯状的菌托。这一切特征都与民间所流传的毒蘑菇的样子完全一致，但橙盖鹅膏却是一种异常美味可口的可食性真菌。凯撒帝对此真菌曾赞不绝口，因此它的拉丁名就用凯撒帝的名字来命名。另外，橙盖鹅膏还有一个变种，它的形态与橙盖鹅膏非常相像，但全子实体上下都是白色的，因此叫作白鹅膏，也是一种美味可食的菌类。可以食用的鹅膏很少，其他的鹅膏类都或多或少有毒，甚至剧毒无比，而且与可食性鹅膏的样子很相近，一旦误食，轻则呕吐、腹泻不止，重则危及生命。因此，在野外采集蘑菇时一定不能乱采，对不熟悉的千万不可乱尝试，以防中毒。

吃毒蘑菇为什么会中毒

通过上面的介绍我们知道，毒蘑菇形态各异、种类繁多。经研究发现，一种毒蘑菇中经常含有多种毒素。一种毒素又经常存在于许多种蘑菇中，并且一种蘑菇含有毒素的种类和多少，又可因时间、地区而不同。不同的人因其饮食习惯、体质不同，及同别的什么食物一起吃，或吃的前后又吃了什么，生吃或熟吃，水洗或不水洗，这些都会对中毒的症状有些影响，甚至有些人怎么吃也不会中毒。这些现象引起了科研工作者的极大兴趣，经对研究发现，这些有毒成分大多是一些肽类及碱类的衍生物，如被误食入人体中，通常会发生胃肠不适等症状，并伴有恶心、呕吐。此时主要是刺激胃及小肠的黏膜，此后，各种毒蘑菇的变化就较复杂，有的毒素能侵入人的肝脏，破坏肝细胞，有时也破坏肾脏；有的能作用于神经系统，使人神经兴奋，神经错乱；有的能使人产生幻觉，甚至会因溶血而危害人的生命。因此，如出现上述症状千万不可轻视，应立即上医院作进一步的检查，尽量减轻毒素对人体的损害。

带毒的蘑菇

蘑菇中毒的类型及毒理

从“为什么中毒”中我们已知道：中毒是由于毒蘑菇中含有一些肽及碱类的衍生物，它们被人体吸收后，作用于不同的器官而使人中毒。在临床上按毒素对人体造成的主要损害将中毒的类型分为四大类：肝损害型、神经精神型、胃肠炎型、溶血型。下面我们分别加以论述。

1. 肝损害型

主要是因毒伞、白毒伞以及褐鳞小伞等引起的，病死率高达 90%，中毒症状多出现在食后 6 ~24 小时后，开始先有吐泻，后出现假愈期，此时正是毒素入侵肝脏破坏肝细胞的时候，之后出现肝痛、肝肿、黄疸、出血，重症患者可死于肝昏迷。其主要致病毒物为毒肽和毒伞肽。

广角镜

·尿毒症·

现代医学认为尿毒症是肾功能丧失后，机体内部生化过程紊乱而产生的一系列复杂的综合征，而不是一种独立的疾病，称为肾功能衰竭综合征或简称肾衰。主要由毒素积聚、酸碱平衡失调、水及电解质平衡紊乱等所致。

2. 神经精神型

潜伏期短，进食后 10 分钟至 2 小时内发病。大致可分为神经兴奋、神经错乱和神经抑制。除呕吐、腹泻外，还会出现幻觉、幻视、狂笑不止、精神错乱等症状。同时还会流汗、流泪、血压下降等。病死率低，但也可能会死于呼吸衰竭或循环衰竭。

3. 胃肠炎型

使胃肠机能紊乱，出现剧烈恶心、呕吐、腹痛，也有疲倦、昏厥、说胡话的。一般病程短，恢复快，愈后较好。

4. 溶血型

这种症状以鹿花菌为主，食后在一两天内由于红血球遭大量破坏而引起急性溶血性贫血，重者可续发尿毒症而死亡。

蘑菇中毒的治疗方法

蘑菇中毒具有一般食物中毒的特点，所以会被误认为是食物中毒。并且伴有剧烈的吐泻，也会被误诊为细菌性痢疾或肠胃炎等其他病症。故在诊断前一定要详细了解发病前后的进食情况，并及时采取各种保护措施，否则到了中毒后期，不但治疗困难，甚至还会有生命危险。确诊后首先要尽快设法排除毒物，常采用催吐、洗胃、导泻或灌肠等方法。其次，对于毒蘑菇中毒，应及时用各种药物解毒。最后，应根据不同的症状对症治疗。由于剧烈呕吐和腹泻，体内水分大量损失而引起休克，此时应及时补充体液。若有中毒早期症状，如剧烈恶心、呕吐者，可注射或服用阿托品。若有神经症状，如抽搐、昏迷或呼吸障碍，可加用脱水剂治疗。若有兴奋、狂燥及痉挛等症状，可肌肉注射苯巴比妥钠。对于溶血型患者，可紧急输新鲜血液，并可加注葡萄糖液，注意防治休克及衰竭。但是各种解毒的方法都只是一种补救措施，掌握一定的菌物学知识才是解决中毒的根本。

皮肤丝状菌

丝状菌对于大家来说是一个陌生的名字，然而要说到人体的皮肤病，大概谁都能说出两三个来。如果这些皮肤丝状菌是真菌引起的话，那么或多或少都与皮肤丝状菌有些关联。虽然与细菌和病毒引起的疾病相比，真菌性的皮肤病对人的危害不是很大，但它对人的“形象”影响却不容忽视。经研究确认，真菌性的皮肤病多由发癣菌属、表皮癣菌属及小孢霉属等皮肤丝状菌的寄生而引起的。它们侵入人体的皮肤，引起浅表性的感染，像常见的头癣、脚癣、体癣等，还可侵入到指（趾）甲中，引起甲癣；小孢霉及发癣菌又能侵染毛发，引起头癣、黄癣及发癣。并且皮肤丝状菌除使人及动物感染外，还可以在人与人、人与动物之间互相传染。只要皮肤稍有伤破，潮湿或多汗就易被皮肤丝状菌侵蚀，大约一星期后就显出丘疹、水疱或脓疱，并四处蔓延，对皮肤造成损害。为了预防该病，要讲究卫生，尽量避免与患者或患病的动物接触。发现染病后，一定要及时治疗，防止加重。

足癣菌

足癣，俗称“脚气”“香港脚”，是一种由足癣菌引起的传染性的皮肤病。由于这种真菌多生长在潮湿、温暖的地方，所以大多在像公共浴室的公用拖鞋上、浴盆中、游泳池的池底、跳板上生长繁殖。如果不慎染上了足癣，脚趾间往往奇痒无比，有的还伴随着溃烂，全身持续低烧，如不小心又被其他病菌所感染，还会增添红肿、发炎等症状。有的病人的大腿上还会起一条红线，或在大腿根起一个疙瘩。这实际上是淋巴结发炎的结果。生了足癣后，一定要注意患处的卫生，不要用手去抓奇痒的部位，如用手抓过后，再去抓身体的其他

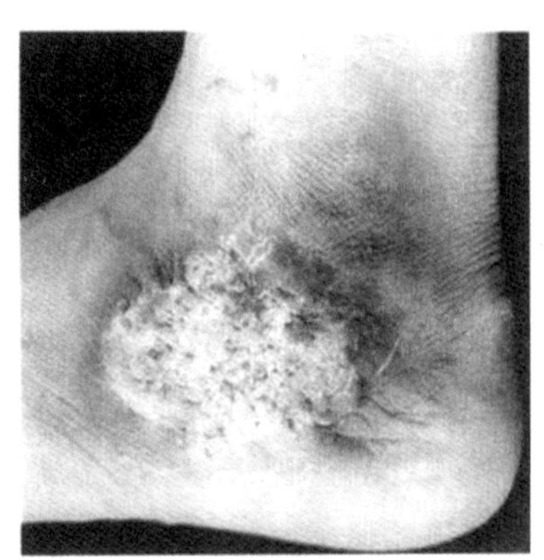

△ 足癣菌

部位，就易使其他部位感染足癣菌，引起像趾甲癣、手癣、头癣等各种癣病。由此可见，足癣菌的危害极大，一定要提高卫生意识，注意个人卫生，避免与患者接触。脚癣病人的毛巾、鞋子、袜子都要经常消毒。保持皮肤干燥，对于预防脚癣具有重要意义。

杏疔座霉菌

在我国栽种杏树的地方，经常会发现有些杏树的叶片出现橘黄色的圆形斑，然后在圆形斑中出现一些深色或黑色的小点。并且这样的叶片逐渐变得肥厚起来，往往挂在树枝上不脱落，这就是杏疔病，引起这种植物病害的真菌就是杏疔座霉菌。杏疔座霉菌属于子囊菌亚门，它的有性生殖形成瓶状的子囊壳，埋在叶片中，那些叶片上的小黑点就是这些子囊壳的开口。在第二年的春天，子囊壳中的子囊孢子才散发到空中，它们落在附近的杏树上，长出芽管并逐步侵入到表皮下面，危害第二年的杏树。而且这种真菌主要为害杏树的新梢、叶片和果实，使杏树的光合面积减少，生长受到极大的损害，果实的数量和品质均遭到很大的影响。对于杏疔病的防治，消除污染源是一种颇有成效的措施。由于杏疔病只有初感染而无再感染，挂在树上越冬的病叶是主要的越冬菌源，应结合生长期和秋冬剪枝，剪除病枝病叶，集中深埋或烧毁，并配合叶面喷施 1 ~ 2 次 1∶1.5∶200 的波尔多液，坚持 3 年即可完全控制该病的发生和危害。

腐皮壳菌

红红的苹果每个人都喜欢吃，然而栽种苹果树却不像吃苹果那么容易，不仅要勤浇水、施肥，而且还要与许多种看不见的“植物敌人”做斗争。腐皮壳菌就是一个非常狡猾的敌人。它偷偷地潜伏在苹果树的树皮底下不被人们所察觉，一旦气候湿润，气温较高时，就从树皮中露出头来，放出淡黄色的牙膏状物，我们把这叫作孢子角，它是腐皮壳菌释放出来的繁殖孢子，称为壳分生孢子。这些孢子以各种传播方式散布到其他的果树上，生“根”发“芽”。腐皮壳菌是一种真菌，它能引起一种毁灭性的病害——苹果树腐烂病。果树一旦染上，重者树干上病斑累累，枝干残缺不全，甚至整株枯死，轻者也使当年的苹果产量受到极大的影响。所以，对于腐皮壳菌应以防为主，防治结合。首先，应加强栽培管理，提高树体的抗病力。其次，要搞好果园的卫生，及时处理园内的枯死树，病枝干，杜绝交叉感染。最后，发现病症，马上治疗，切勿使其蔓延。

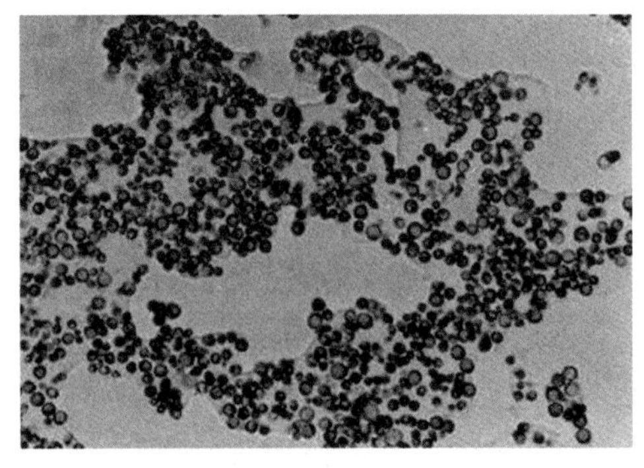

孢子菌

块 菌

在一片茂密的树林中，有一些人赶着一头猪在来回走动，而且猪走人走，猪停人停，真是令人费解。一问才知道，原来他们在找一种珍贵的食用菌——块菌。因为这种块菌具有一种特殊的香味，动物的嗅觉灵敏，所以人们就想到用猪来搜寻它。

·块 菌·

块菌是一类地下真菌，主要食用种为黑孢块菌、夏块菌和白块菌三种。块菌具有独特的香味、口感和营养价值，人类食用块菌已有上千年的历史。在欧美国家，块菌号称“黑色金刚石”，是野生菌的极品，它与鱼子酱、鹅肝酱同被称为三大珍品。

块菌在日本被称作松露菌，在我国一般称为土菇。因为它全部或大半埋在林下的土壤中，所以被一般的采集者所忽视。块菌的外形如同马铃薯的块茎，内部有许多弯弯曲曲的沟隙，在上面生长着它的繁殖体子囊孢子。因为它的外壳异常坚硬，子囊孢子无法散发出去，所以它就靠它的香味吸引动物来采食，借以传播它的孢子。这种食用菌的分布很广，世界各地都可以见到它，因为它的味道和香气非常招人喜爱，所以售价很高。人工培养菌丝体已获得了成功，半人工培养也已获得了进展。

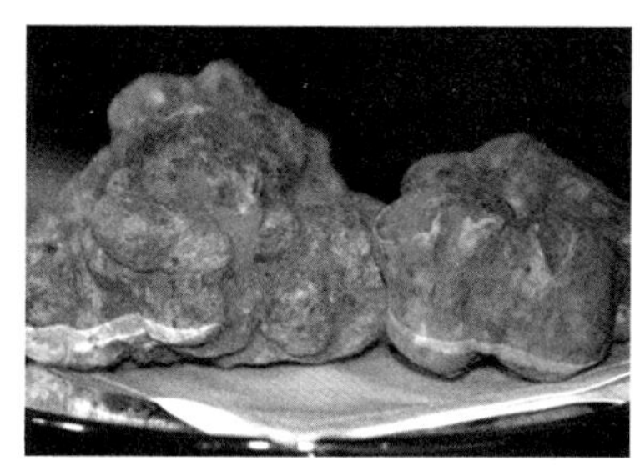

块菌

子囊菌

子囊菌，顾名思义，是一类能产生子囊和子囊孢子的微生物。那么什么是子囊呢？子囊是子囊菌用来进行繁殖的“器官”，在那里面有子囊菌的“小宝宝”子囊孢子们，子囊就像一个温暖、安全的育儿袋一样，保护着子囊里的孢子不受外界环境的影响，健康地发育。子囊的形状多种多样，有像盘子的，有像瓶子的，还有像足球一样完全封闭的，只有当里面的子囊孢子宝宝们全部成熟时它才“叭”地一声裂开。这是子囊菌的独特生殖方式。子囊菌像其他微生物一样，有着神奇的“分身术”，不论你取子囊菌的哪一部分，只要还有一个完整的细胞存在，它就能再次长成一个完整的子囊菌来。子囊菌都不能自己合成营养物质，所以它们都需要从其他的动物或植物体内吸取养料。绝大多数寄生在高等植物上，是主要的植物病害，但也有对人类有益的，如酵母菌发酵制成各种可口的食品，青霉制造青霉素解救病人的生命，等等。

根　霉

根霉属于真菌门接合菌纲毛霉目，单独为根霉立了一个属，称为根霉属。根霉的分布极为普遍，可以说有人的地方就有根霉。只要你将一块馒头、面包等淀粉质的食品放在潮湿的环境中，不出十天，你就能够见到根霉的样子了。根霉中最常见的是黑根霉，又称为面包霉。

根霉着生于淀粉质的食品上，致使食品腐烂变质，也常侵害甘

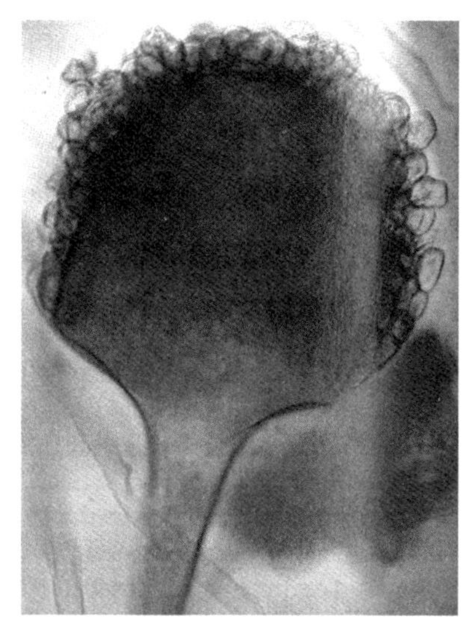
根 霉

薯块根的尖端，致使甘薯患软腐病。甘薯的病部呈暗褐色，逐渐变软，从伤口处流出黄色的汁液，并带有酒精的气味；在软化的部位上生出白毛，即病菌的菌丝体，其上布满小黑点，即病菌的孢子囊。在根霉的菌丝体上生长出大量的假根，伸进基质内吸取营养，因此科学家们把这种真菌称为根霉。根霉的假根是一个重要的鉴别特征。根霉是一种在工业上应用广泛的真菌，如利用黑根霉作用于豆甾醇、麦角醇或甾酮等物质，可制造醋酸、可的松，用于治疗阿狄森病、胶原性疾病和支气管哮喘。

知识小链接

根 霉

根霉的菌丝无隔膜、有分枝和假根，营养菌丝体上产生匍匐枝，匍匐枝的节间形成特有的假根，从假根处向上丛生直立、不分枝的孢囊梗，顶端膨大形成圆形的孢子囊，囊内产生孢囊孢子。孢子囊内囊轴明显，球形或近球形，囊轴基部与梗相连处有囊托。根霉的孢子可以在固体培养基内保存，能长期保持生活力。

茶树上发生的“茶饼”

这里所说的“茶饼”可不是用茶叶压成的茶饼，而是指在我国东南、西南的产茶地区茶树上常常发生的一种病害。有些地方也把这种病称作疱状叶枯病。这种病害是由一种称作外担菌的担子菌寄生所致。“茶饼”主要发生在茶树的嫩叶和新的树梢上，一般情况下老叶和老枝不发生。受到侵害的初期，在新叶的边缘和叶尖先出现淡黄色的水渍状小斑点，以后小斑点逐渐扩大成为黄褐色的圆斑，此时在叶片正面的病斑向叶的背面凹陷，而叶的背面则逐渐突出，形成一个疱状物，在疱状物的表面布满白色或粉红色的粉末。疱状物塌陷后，形状很像一块糕饼，因此把这种茶树的病害称为“茶饼”。我们看到的“茶饼”表面的那层粉末状物，是外担菌的子实层或子层，其上排列着大小细棍棒状的担子，顶端着生着担孢子，是外担菌的繁殖器官。外担菌的侵害可使茶树的嫩枝和嫩叶枯死，严重影响茶叶的产量，是一种有害的真菌，一经发现要快速采取措施防止病害的蔓延。

病毒的身世

19 世纪，俄国彼得堡大学一个叫伊万诺夫斯基的学者，他用生病的烟草花叶液通过细菌滤器，发现经过过滤的汁液，仍可传染烟草花叶病。于是他知道，能传染烟草花叶病的是一种比细菌还小得多的病原微生物，因为这种病原微生物能通过细菌过滤器，所以他给病原物定名为“滤过性病毒”。但是，后来通过电子显微镜观察发现，在细菌过滤器中也有些病毒通不过，因而这顶“滤过性”的帽子就不太合适了，科学家一致认为应予以摘掉，于是，就干脆叫“病毒”了。经过科学家们多年的研究发现，病毒是一类最微小的（超显微观的、可滤过的），非细胞结构的（蛋白质包裹的核酸颗粒），只含有一种类型的核酸作为基因组，仅能在合适的活细胞中依靠宿主细胞的养料和能量才能进行繁殖的超级寄生物。病毒家族的成员有很多，人们还在不断地发现新病毒。

病毒的大小

众所周知，病毒是一类非常小的微生物，但它究竟有多小呢?科学家研究发现，病毒的大小用纳米来表示，各种病毒的大小差异很大，但大多数介于15 纳米至300 纳米之间。大的病毒如牛痘病毒直径为300 纳米左右，可用普通光学显微镜观察到，比最小的细菌要大。小的病毒如口蹄疫病毒直径约为21 纳米。乙型脑炎病毒直径约为18 纳米。烟草坏死病毒直径约为16 纳米，其大小与某些蛋白质（如血蓝蛋白）分子的大小接近。也有少数病毒显得特别长，如甜菜黄化病毒长1 250 纳米，宽10 纳米，铜绿色极毛杆菌噬菌体呈丝状，长1 300 纳米，宽6 纳米。实际上，多数病毒都较小，可以非常容易地通过细菌所不能通过的过滤器；一般的高倍显微镜是看不见的，得使用更高级的法宝——电子显微镜才能看见。因此，病毒还被起了一些小名和别名，如滤过性病毒、滤过体、微子、超微生物、微微生物和超显微镜微子等等。

病毒的形态

病毒的体积虽小，但其形态却多种多样。从目前已知的病毒种类来看，其形态一般可分为以下六类。

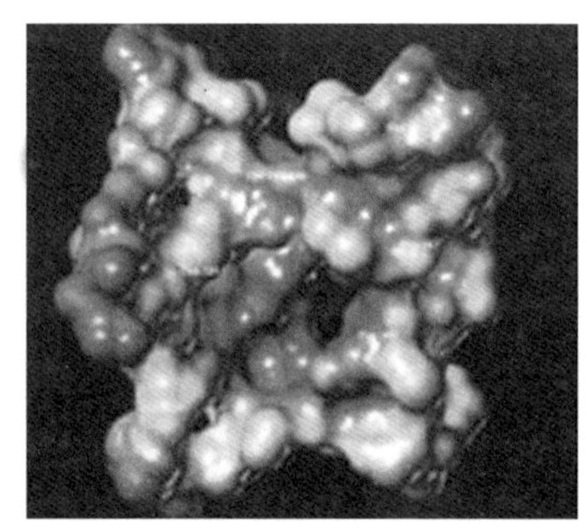

病毒的形态

1. 球状体

绝大多数人类病毒和脊椎动物病毒为球状体，如疱疹病毒属、腺病毒属、乳头瘤病毒属等。也有一部分植物病毒是球状体，如黄瓜黄叶病毒和玉米白叶病毒等。

2. 杆状体

这类病毒在脊椎动物病毒中比较少见，多见于植物病毒和昆虫病毒。此类病毒体细直，长形，具整齐的平行边，两端不圆，如烟草花叶病毒，小麦土传花叶病毒和波纹杂毛虫核型多角体病毒都是典型的杆状病毒。

3. 丝状体

此类病毒形态呈细丝状，可弯曲，两端圆形，如马铃薯病毒、玉米矮花叶病毒、大肠杆菌的噬菌体 fd 和 f1 等。

4. 砖状体

此病毒体外形似砖，或宛如菠萝状或呈卵圆形，如天花病毒、牛痘菌病毒等。

5. 弹状体

此病毒体形呈子弹状，常见子弹状病毒属，如水疱性口炎病毒和狂犬病毒。

6. 蝌蚪状体

此类病毒体呈蝌蚪状，由头部和尾部构成，如大肠杆菌噬菌体T2、T4 和 T6 等。

病毒形态的千姿百态，为病毒分类奠定了基础，也为人们更充分地认识病毒提供了依据。

病毒的结构

病毒的个体称为病毒体，其身体结构远比细菌简单，它没有细胞壁，整个身体由衣壳和核酸两部分构成。衣壳，即病毒的蛋白质外壳，具有保护病毒核酸和与易感细胞表面受体结合的功能。衣壳由称为衣壳粒的亚单位组成。衣壳粒是电子显微镜下可见的最小形态学单位，由一种或几种短肽构成。病毒的核酸包含着病毒的全部遗传信息，主导病毒的生命活动，决定病毒的遗传和致病性。核酸位于病毒体的髓部，故核酸又称核髓。核髓和蛋白质外壳多称核衣壳，结构简单的病毒粒子

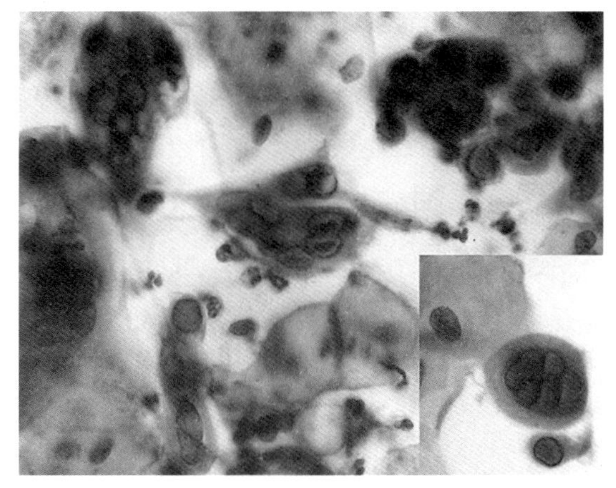

疱疹病毒

的全部结构就是一个核衣壳。结构复杂的病毒粒子在其核衣壳外面还有一层膜，被称为被膜或囊膜。被膜是一层较为宽松的双层膜，由蛋白质、多糖和脂类构成。蛋白质主要由病毒合成，脂类和一部分多糖来自宿主细胞膜、核膜或空泡膜。有些病毒的被膜上长有纤细的呈放射状突起物，称为刺突。流感病毒的被膜上就有刺突。各式各样的病毒，其基本结构都是由以上几部分构成，但在微小方面不尽相同。

包涵体

病毒的种类繁多，侵入宿主细胞后对细胞的作用也不相同，大体有三种情况：一是由杀细胞病毒引起感染细胞的破坏或死亡；二是由非杀细胞病毒引起稳定感染，宿主细胞陆续释放病毒，但很少或不影响宿主细胞的代谢与增殖，如以出芽方式释放的 RNA 病毒所引起的感染；三是引起细胞转化，宿主细胞无限制的增殖引起肿瘤或癌变。但宿主细胞最典型的形态学变化为包涵体的产生。包涵体是病毒感染宿主细胞后在细胞内所形成的在光学显微镜下可见的小体。包涵体是蛋白质性质的，多数病毒的包涵体由病毒粒子组成，少数包涵体是细胞对病毒反应的产物。一个包涵体含有一到数个病毒粒子，也有不含病毒粒子的。包涵体为圆形、卵圆形或不定形，在细胞中呈现大小、数量不一。而且不同病毒在细胞中所形成包涵体的位置不同，有的在细胞质内形成，有的在细胞核内形成，也有的在细胞质和细胞核内部形成。包涵体可用于病毒的辅助诊断和某些病毒的鉴定。

知识小链接

包涵体

包涵体，即表达外源基因的宿主细胞，可以是原核细胞，如大肠杆菌；也可以是真核细胞，如酵母细胞、哺乳动物细胞等。包涵体是病毒在增殖的过程中，常使寄主细胞内形成一种蛋白质性质的病变结构，在光学显微镜下可见。多为圆形、卵圆形或不定形。一般是由完整的病毒颗粒或尚未装配的病毒亚基聚集而成；少数则是宿主细胞对病毒感染的反应产物，不含病毒粒子。

病毒的生活方式与旅行

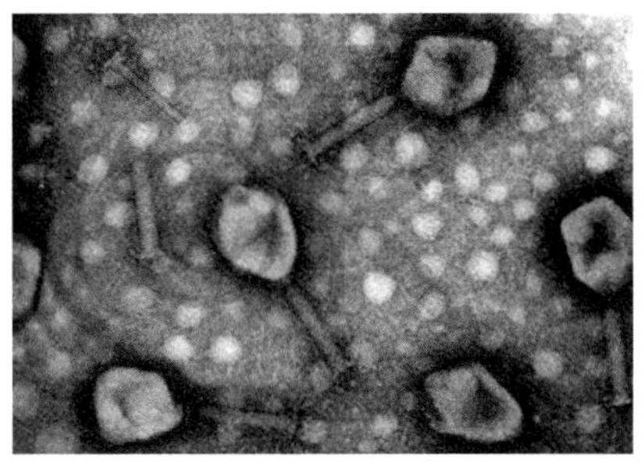

噬菌体

众所周知，细菌可以在人工制造的各种培养基上生长、繁殖，而病毒却一定要在活的细胞内才能生长、繁殖。也就是说，病毒是过寄生生活的。经过科学工作者的研究发现，病毒的寄生处主要有三类：一是专门寄生在人和动物身上的，二是以植物为寄生居所，三是以细菌体为寄生处所。科学家分别把寄生在这三类生物体上的病毒称为动物病毒、植物病毒、细菌病毒（也叫噬菌体）。一切生物都被列入病毒的侵害之列。在病毒的旅行——传播过程中，通过各种生物之间的接触来传播病毒，其中昆虫还是它的主要帮手。此外，就是在人们打喷嚏、咳嗽的时候，也会把流行病毒传给旁边的人。还有些昆虫，它们东叮西咬，四处飞爬，接触人和动植物的机会多，所以它们帮助病毒传染的效果就更佳。因为病毒寄生于活体内，所以消灭起来很困难。但人们发现，有些疾病，如天花、麻疹等患过一次就可获得终身免疫能力，这就启发人们寻找预防疾病的方法——疫苗。有了疫苗，人们从此就与某些疾病绝缘了。

拓展阅读

·疫　苗·

疫苗是指为了预防、控制传染病的发生、流行，用于人体预防接种的疫苗类预防性生物制品。生物制品是指用微生物或其毒素、酶，人或动物的血清、细胞等制备的供预防、诊断和治疗用的制剂。预防接种用的生物制品包括疫苗、菌苗和类毒素。其中，由细菌制成的为菌苗；由病毒、立克次体、螺旋体制成的为疫苗，有时也统称为疫苗。

病毒的繁殖

病毒和其他任何一种生物一样，也要繁衍后代沿续种族，但病毒是无细胞结构的，它是怎样繁殖的呢？病毒的繁殖需要一个过程，首先是病毒与宿主细胞接触并吸附在其细胞表面，借着细胞吞饮等方式进入宿主细胞，这一过程叫“吸附”。病毒进入细胞后，其衣壳和囊膜即解脱或水解后释放出病毒核酸，此时在细胞内查不到有感染性的病毒颗粒，这阶段叫“隐蔽期”。在宿主细胞内的病毒核酸，控制宿主细胞的蛋白质和核酸的形成，按照自己的遗传信息合成自己的蛋白质与核酸，这叫“复制期”。复制的核酸和蛋白质在细胞的一定部位聚合装配形成完整的成熟的病毒，这叫“成熟期”。当细胞内聚集大量的成熟病毒时，病毒使细胞破裂而得到释放，此时称为“释放期”。所有的病毒都如此这般不断合成、复制、释放，使自己不断繁殖。新释放出来的病毒，又继续侵入另外的细胞进行复制繁殖。

这样循环往复，病毒家族得以繁衍。

病毒感染的预防

虽然病毒十分可怕，但也并非不能被制服。病毒感染的防治问题、预防原则与其他微生物感染一样，都是围绕着消灭传染源，切断传播途径及增强人群免疫力这三个环节采取有效措施。

通过预防实践证明，目前已有许多病毒性疾病用接种疫苗，即通过人工注射疫菌的方法，是可以达到预防目的的。

病毒疫苗分为死疫苗和活疫苗两种，这两种疫苗各有利弊，一般认为活疫苗优于死疫苗。

应用多价灭活疫苗预防呼吸道病毒性疾病，其效果比活疫苗好，因多价活疫苗可能在相似病毒之间出现互相干扰现象。

对于病毒性疾病的治疗问题研究较慢，目前尚无治疗病毒性疾病的特效药物。对预防病毒性疾病的研究，是医学上刻不容缓的工作，研制更有效的生物制品和化学疗剂，还有待今后进一步探求。

病毒的功与过

说到病毒，人们马上就会联想到艾滋病毒、肝炎病毒、狂犬病毒等，而玉米花叶病、小麦丛矮病、甜菜缩顶病等农业疾病也都和病毒有关，这小小的病毒已被人类看作洪水猛兽，唯恐避之不及。但是，自然界的生物均有着其存在的价值。

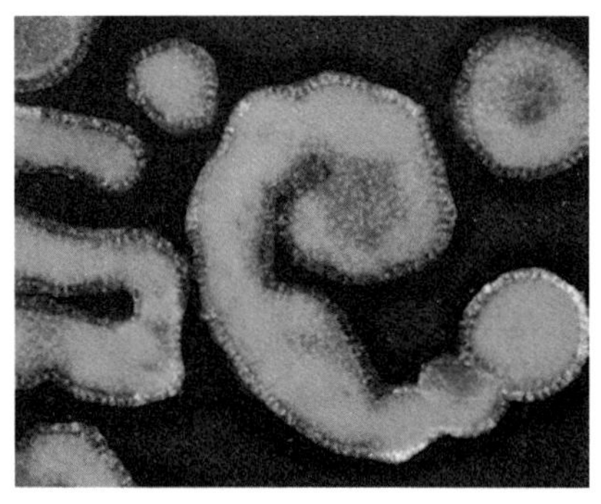
流行性病毒

感冒流行时每3个人中就有1个人患病，但留下严重后遗症的仅有少数。并且，一个人在生过脊髓灰质炎、乙型脑炎、麻疹等疾病后，这辈子就不会再得了。也就是说，感染病毒后，就会在体内长期保存，从而对这种病毒免疫。近年来，某些科学家甚至还发现，一些生物体自身也产生病毒，病毒对不同种生物体杂交、生物的拟态、对食物的适应等均有促进作用。人们在各个领域中也利用病毒进行杀菌、灭虫或用作基因工程的工具。所以说，在自然界中，病毒还起着有益的作用。虽然目前还无法证明病毒对人体有益，但自然界既然创造了病毒，那么它就是整个生态系统中不可缺少的环节，只是我们对它研究得不够而已。

基本小知识

艾滋病毒

艾滋病毒，即人类免疫缺陷病毒（Human Immunodeficiency Virus，简称HIV），顾名思义，它会造成人类免疫系统的缺陷。1981年，人类免疫缺陷病毒在美国首次被发现。它是一种感染人类免疫系统细胞的慢病毒，属反转录病毒的一种，是至今无有效疗法的致命性传染病。该病毒破坏人体的免疫能力，导致免疫系统失去抵抗力，而导致各种疾病及癌症得以在人体内生存，发展到最后，导致艾滋病。

类病毒

众所周知，类病毒是世界上最小的微生物。1971年，美国植物学家迪纳在研究马铃薯纺锤块茎病时，首次分离出一种能引起马铃薯纺锤块茎病的小分子RNA。他把这种小分子量的RNA称为马铃薯纺锤块茎类病毒。

·亚病毒·

亚病毒是一类比病毒更为简单，仅具有某种核酸不具有蛋白质，或仅具有蛋白质而不具有核酸，能够侵染动植物的微小病原体。不具有完整的病毒结构的一类病毒称为亚病毒，包括类病毒、卫星RNA、朊病毒。

此后，相继发现柑桔裂皮类病毒、菊花矮化类病毒、椰子死亡类病毒、鳄梨日斑类病毒。迪纳对类病毒作出如下定义：“类病毒是存在于某些生物中，并能引起特殊病害的一种低分子量核酸。”迄今为止，已知的类病毒都只含有一种低分子量的RNA，其分子约为10.5道尔顿，约含有350个核苷酸，为最小病毒核酸分子量的1/10左右。类病毒的核酸几乎呈共价闭合环状单链结构，其二级结构呈棍棒状。类病毒无蛋白质外壳，它不属于病毒，而有亚病毒之说。

朊病毒

朊病毒是一种粒子。它不同于任何一种生物，在朊病毒的体内没有一切生命都具有的共同特征即核酸。大量的实验数据和临床数据证明，朊病毒其实是一种蛋白粒子。20世纪80年代英国的疯牛病就是朊病毒侵害的例证。疯牛病的全称是牛脑海绵状病，因为患了这种病的牛的脑子常会变成带有无数小孔的筛子而得名。患病的牛丧失协调性并变得惊恐不安、烦躁，有时会感到奇痒难熬而把身上的毛都磨脱。人们很快就追踪到发生这种流行病的病源是牛的饲料添加剂，在饲料添加剂中含有死绵羊的肉和骨粉，是它们携带着朊病毒侵蚀了牛，并且疯牛病是可传染的。疯牛病于20世纪80年代首先在英国发现，然后传播到欧洲及世界多个国家和地区。朊病毒主要作用于神经系统，可使脑内的一种支持细胞反常地增殖，而在传递神经脉冲时起作用的神经元中的树枝状棘减少。在有些病例中，无数的小泡使脑组织呈海绵状。而且这种病会因人类食用病牛的肉而被传染，已在英国发现了这种病例。然而现在人类还没有发现任何方法能有效地清除这种疾病，还有待科学家们的进一步研究。

拓展阅读

·朊病毒·

朊病毒就是蛋白质病毒，是只有蛋白质而没有核酸的病毒。1997年诺贝尔生理学或医学奖的获得者美国生物学家斯坦利·普鲁辛纳就是由于研究朊病毒作出卓越贡献而获此殊荣的。朊病毒不仅与人类健康、家畜饲养关系密切，而且可为研究与痴呆有关的其他疾病提供重要信息。

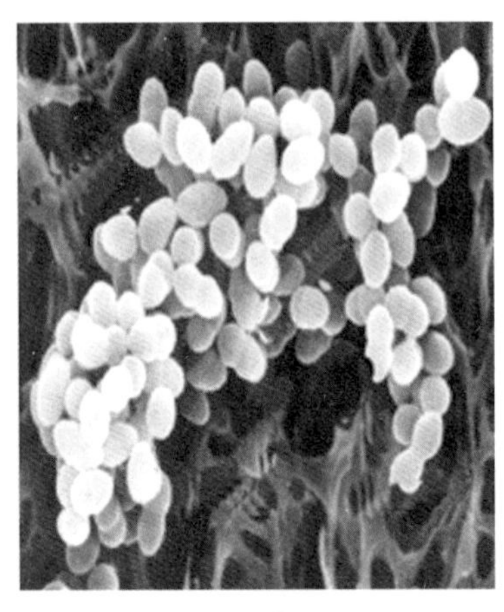

朊病毒